上海大学出版社

2005年上海大学博士学位论文 8

U0358935

热作模具钢（H13型）表面处理及其热疲劳、热熔损性能研究

- 作 者：闵永安
- 专 业：材料学
- 导 师：李　　麟　吴晓春

2005 年上海大学博士学位论文　**8**

热作模具钢(H13 型)表面处理及其热疲劳、热熔损性能研究

作　　者：闵永安
专　　业：材料学
导　　师：李　麟　吴晓春

上海大学出版社
·上海·

Shanghai University Doctoral
Dissertation（2005）

Study on the Surface Treatment Process of H13 Type Hot Work Steel and its Subsequent Thermal Fatigue and Erosion Behaviors

Candidate：Min Yongan
Major：Material Science
Supervisor：Prof. Li Lin
Prof. Wu Xiaochun

Shanghai University Press
· Shanghai ·

上 海 大 学

　　本论文经答辩委员会全体委员审查，确认符合
上海大学博士学位论文质量要求。

答辩委员会名单：

主任：徐祖耀　教授，上海交通大学材料学院　　　　200030

委员：戎咏华　教授，上海交通大学材料学院　　　　200030

　　　徐明华　教授级高工，宝钢集团上海五钢公司　200940

　　　朱祖昌　研究员，上海工程技术大学材料学院　200336

　　　洪　新　教授，上海大学材料学院　　　　　　200072

导师：李　麟　教授，上海大学材料学院　　　　　　200072

　　　吴晓春　教授，上海大学材料学院　　　　　　200072

评阅人名单：

徐祖耀　教授，上海交通大学材料学院　　　　200030

陆明炯　教授级高工，上海材料研究所　　　　200437

薄鑫涛　教授级高工，宝钢集团上海五钢公司 200940

评议人名单：

徐明华　教授级高工，宝钢集团上海五钢公司 200940

章靖国　教授级高工，同济大学材料学院　　　200092

邵光杰　教授，上海大学材料学院　　　　　　200072

金学军　教授，上海交通大学材料学院　　　　200030

答辩委员会对论文的评语

采用表面改性技术提高热作模具的服役性能是当前热作模具研究、应用领域中最热门的方向之一. 闵永安提交的博士学位论文对提高我国模具钢的质量和改变我国在该领域落后面貌具有重要的经济和社会意义.

该论文的研究获得以下四点重要成果和创新：

(1) 开发了一种带蒸汽预热装置的氧化热处理炉,已获得实用新型专利.

(2) 结合热力学计算和具体试验,研究了 H13 钢的表面氧化行为、氧化膜组织和性能. 提出了 H13 钢氧化、氮氧复合处理的优化工艺.

(3) 通过对比研究了蒸汽氧化、氮氧等不同表面处理的 H13 钢的热疲劳性能、热熔损性能,确定了可行的氮氧复合最佳工艺.

(4) 论文开发的复合工艺已在 ASSAB、伊顿等企业获得应用,取得了较好的经济和社会效益.

论文反映出作者已较全面地掌握了与热作模具钢相关的国内外发展动态,且具有比较扎实的基础理论和较丰富的实践知识,显示了该生已具有相当强的独立科研能力. 论文立论正确,论据充分,数据翔实可靠. 答辩过程中,作者对答辩委员们提出的问题能予以正确回答,思路清晰.

答辩委员会表决结果

经答辩委员会表决,全票同意通过闵永安同学的博士学位论文答辩,建议授予工学博士学位.

答辩委员会主席:徐祖耀

2005 年 3 月 9 日

摘　　要

　　采用表面处理、表面改性技术,提高热作模具相关的服役性能. 这是当前热作模具研究、应用领域中最热门的方向之一.

　　针对热作模具钢的表面氧化处理,本文开发了一种带蒸汽预热装置的氧化处理炉,这种炉型现已应用于工业生产. 该炉型的蒸汽盘箱管、蒸汽室等各种结构设计使蒸汽能充分预热、并稳定地通入氧化炉中,保证了模具钢氧化工艺顺利实施,及设备的可靠性、安全性. 试图将蒸汽氧化和气体氮化结合在单一的热处理炉中的尝试并没有成功. 因此,本文中的氧化试样主要在专门设计的氧化炉中进行,氮化则是在等离子渗氮炉中进行.

　　结合热力学计算和具体试验研究了 H13 钢的表面氧化行为. 采用 Thermal-Calc 软件计算了 500℃ 至 700℃ 温度范围内不同氧分压条件下 H13 钢表面形成的氧化物物相组成及其变化. 在上述温度范围内,试验研究了 H13 钢分别在 0.2 MPa 蒸汽流、0.1 MPa 的空气、0.001 MPa 的低压空气条件下的氧化膜组织. 发现低压空气条件下形成的氧化膜的微观组织和物相更接近蒸汽条件下形成的氧化膜,而与常压空气下形成的氧化膜有明显差异.

　　热力学计算表明,高氧分压有助于 Fe_2O_3 相的生成,而低氧分压有助于 Me_3O_4 相的生成. 高氧分压下完整的致密 Fe_2O_3 层的快速形成将阻碍各种原子的向内扩散,从而抑制

Me_3O_4 相的生成. 因此,在适当的低氧条件下 H13 钢的氧化显著快于空气条件下的氧化. 除了适当的氧分压,H13 钢在蒸汽条件中的氧化机制更为复杂,还与氧离子的短程扩散有关. 计算表明,同 Fe_2O_3 和 Fe_3O_4 相一样,尖晶石相 $FeCr_2O_4$, FeV_2O_4,Fe_2SiO_4 也是 H13 钢氧化膜的主要组成相.

蒸汽氧化和等离子氮化复合试验和研究表明,H13 钢的表面预氧化无助于随后的等离子氮化. 等离子氮化过程中,蒸汽氧化膜将逐步减薄、直到消失后氮才开始渗入. 等离子渗氮将使 H13 钢在随后蒸汽氧化中的氧化速度显著增加,这要归因于等离子的轰击活化作用和由此引起蒸汽条件下氧的快速扩散. 试验发现,等离子渗氮形成的氮化物层,在随后的氧化过程中将逐步转变为氧化物,这将减小热作模具服役过程中的热裂纹形成倾向. 因此等离子氮化及氧化复合工艺,对那些既要求高强度抵抗塑性变形,又要求高韧性抵抗热疲劳的热作模具将是合理的选择,该工艺在重载锻模上的应用相当成功.

根据 Uddeholm 方法,采用自约束试样,研究了不同表面处理 H13 钢试样在室温至 700℃ 热循环温度范围内的热疲劳性能. 表面处理工艺包括等离子氮化、等离子硫氮碳共渗,渗硼和氧化等. 研究表明,热循环过程中的应力变化对热疲劳裂纹萌生和发展起到至关重要的影响. 热循环过程中,表面无硬化膜的 H13 钢试样的残余压应力的减小是缓慢的,并倾向于形成均匀分布的微裂纹;而表面有硬化膜的 H13 钢试样的高残余压应力的降低速度很快. 通常,由表面化合物层上的热裂纹引起的应力的不均匀分布,将是主裂纹扩展的重要因素. 经优化的氮扩散层由于提高了强度、控制了韧性的下降,从而赋予 H13 钢更好的热疲劳性能．未发现单一氧化处理对 H13 钢的热疲劳性能有明显影响．

　　分别采用静态静置、动态旋转的热浸熔融 ADC12 铝合金熔液的方法，对表面经蒸汽氧化和未氧化的 H13 钢试样的热熔损抗力进行了对比研究．采用失重法研究了熔液温度、热浸时间、试样表面状态的影响．H13 钢熔损试样上包覆的 Fe－Al 金属间化合物外侧的化合物、铝合金组成的复合层的厚度对 H13 钢的熔损有重要影响．熔液温度的下降，或热浸时间的延长将导致复合层的增厚，而减缓铝元素的扩散，从而降低熔损速度．动态旋转试验中，铝合金熔液的相对快速运动将加快侵蚀作用并减薄复合层厚度，导致快速熔损．同 PVD 陶瓷涂层一样，H13 钢试样表面的氧化膜同样通过隔离作用减缓熔损．当氧化膜被熔融铝合金润湿、消耗后，其功能就丧失了．

关键词　热作模具钢，表面处理，氧化，热疲劳，熔损

Abstract

The innovation of surface treatment to increase the associated performance of hot work dies is one of the most interesting subjects in laboratories and factories.

A furnace with preheating equipment for water vapor is developed for surface oxidation treatment of hot work dies. This type furnace is successfully used in industry. The structural design including loop-pipe, stream chamber results in the sufficient preheating of water vapor and then steady feeding into oxidation room, which ensures the realization of oxidation process for die steel, and the reliability and security of the furnace. It is failed to combine together the two process of water vapor oxidation and gas nitriding in the same furnace. Consequently, the oxidation process is mainly carried in the special designed furnace and the nitriding process is carried in a commercial plasma nitriding furnace respectively.

The oxidation behaviors of H13 steel are studied with both thermodynamical calculation and experimental information. Thermal-Calc software is performed to calculate the oxidation phases on H13 steel along with different partial oxygen pressures in the interesting temperature range from $500^{\circ}C$ to $700^{\circ}C$. In this range H13 steel samples are treated respectively in different atmospheres including flowing water vapor (0.2 MPa), normal pressure air (0.1 Ma) or low pressure air (0.001 MPa). The microstructures and phase constitutions of the films formed in low pressure air are similar to those of the films formed in water vapor, and obviously different to those of the films formed in normal pressure air, which could be explained by result of calculation.

Calculation with Thermal-Calc software indicates that higher partial oxygen pressure is favorable to the formation of Fe_2O_3 while lower partial oxygen pressure is favorable to the formation of Me_3O_4. Full compact Fe_2O_3 layer formed rapidly in high partial oxygen pressure would block the diffusion of species and then the formation of Me_3O_4. Therefore, in proper low pressure air the oxidation speed of H13 steel is obviously faster than that in normal pressure air. Besides the effect of partial oxygen pressure, high oxidation speed of H13 steel in water vapor is more complicated and believed as the result of short-current diffusion of O ion. Calculation also shows that spinel phases of $FeCr_2O_4$, FeV_2O_4, Fe_2SiO_4 are also the main phases as well as phases Fe_2O_3 and Fe_3O_4 in oxides on H13 steel.

As to the combination of water vapor oxidation and plasma nitriding, it shows the pre-oxidation of H13 don't help the subsequent plasma nitriding course. The oxide film would be gradually reduced and no nitrogen could diffuse into the steel before vanish of the oxide. The activation of H13 surface caused by plasma bombardment and the subsequent higher oxygen diffusion rate into the steel seems to be the reasons of higher oxidation speed. The nitride layer, generally formed on the steel surface under plasma nitriding process, could be substituted by oxide in subsequent oxidation process. Which could reduce the risk of heat cracking in hot work applications. Therefore, the process of plasma nitriding with post oxidation would be a proper choice for some hot work dies, which demands high hardness to avoid indentation as well as high toughness to avoid cracks. It is successfully applied on some heavy load forging dies.

Self-restricted thermal fatigue tests are carried out on different surface treated H13 steel specimens according to Uddeholm method with temperature range between room temperature and 700℃. The processes include plasma nitriding, plasma sulfur-carbon-nitriding, boronizing and oxidizing. It shows that the thermally induced cyclic stress plays an important role in the generation and propagation of heat checking cracks. During thermal cycles, the residual compressive stresses on H13 specimens without high hardness compound layer decreases gradually, and it is apt to form evenly distributed cracks. While the higher compressive stresses on H13 specimens with high hardness compound layer drops quickly. The uneven distributed stresses, usually induced by a few cracks on compound layer, are the important factor for quickly developed main cracks. Optimized nitrogen diffusion layer in H13 steel shows positive effect on thermal fatigue due to the improved strength and limited decreased toughness. No obvious negative effect is found on thermal fatigue of surface oxidized H13 steel.

In erosion test, H13 hot work steel samples and surface water vapor oxidized H13 samples are immersed into molten ADC12 alloy under static resting or dynamic rotating conditions. Weigh losing method is used to find the influences of the molten temperature, time of immersion and surface conditions of samples on the erosion resistance of H13 steel. The state of composite layer outside of the compound layers makes an important role in H13 steel erosion caused by molten ADC12 alloy attack. Along with decreasing temperature and prolonging time of hot immersion of H13 steel, the composite layer became thicker and slowed down the aluminium diffusion, and then led to the decreasing of erosion speed. The quicker move of the molten alloy in rotating would strengthen the erosion attack and lessen the depth of the composite, which resulted in fast erosion process. The oxide films on H13 samples had the same function of isolating the steel from molten aluminium alloy as PVD coatings to restrain the erosion. When the films are gradually soaked and then consumed by molten alloy, the protection function decreased.

Key words Hot work tool steel, Surface treatment, Oxidation, Thermal Fatigue, Erosion

目　　录

第一章　文　献　综　述

1.1　热作模具钢性能要求及其失效形式

热作模具钢用于制造将加热到再结晶温度以上的金属或液态金属压制成工件的模具,一般包括热锻模、压铸模、热挤压模等.

由于被加工材料、加工工艺和模具服役环境的不同,对热作模具钢性能的要求各有侧重.所以应根据具体情况,选用适当的热作模具钢,才能获得理想的效果.对热作模具钢一般有以下性能要求[1]:高的高温强度(硬度)和热稳定性;良好的塑韧性;良好的热疲劳抗力;化学稳定性;良好的工艺性等.

热作模具的工作条件相差很大,如锤锻模的工作温度一般不超过 500℃,铝合金压铸模不超过 650℃,铜合金压铸模表面瞬时温度可达 900℃,有些高温合金的等温锻造模具温度则超过 1 000℃.所以热作模具用材种类很多,大部分热作模具采用热作模具钢制造.对于高温模具,当一般的热作模具钢不能胜任时,将采用铁基、镍基高温合金或难熔合金.

热作模具服役过程中反复地与高温状态的被加工材料接触,在周期性的交变应力作用下,模具材料尤其是表层的组织性能逐步发生转变,最终导致失效.限制热作模具寿命的主要因素有[2]:热疲劳(热龟裂)、整体开裂、侵蚀和腐蚀、塑性变形等.

热疲劳裂纹　又称热龟裂,是热作模具最常见的失效形式.如图 1.1 所示,其中图 1.1a[3]显示了压铸模上的常见热疲劳裂纹,图 1.1b 为实验室热疲劳强化试验后试样上典型的网状热疲劳裂纹.热裂纹通常形成于模具型腔表面热应力集中处,裂纹的出现改变了应力分布状态. 随着循环次数的增加,裂纹尖端附近出现一些小空洞并逐渐形成微裂纹,与开始形成的主裂纹合并,裂纹继续扩展,最后裂纹间相互连接形成严重的网络状裂纹而导致模具失效. 提高模具钢的高温强度和韧性,降低热膨胀系数,提高导热系数等,都有利于提高热疲劳性能[4]. 延性对模具钢对减缓裂纹的萌生和发展也至关重要[5].

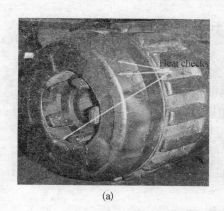 

(a) (b)

图 1.1 热作模具钢的热疲劳裂纹

(a) 实际压铸模 (b) 热疲劳试样

整体开裂 是模具致命的失效方式,其物理机制是处于拉应力状态下的脆性裂纹失稳扩展. 整体开裂通常是由于偶然的机械过载或热过载而导致模具灾难性断裂. 主要原因是模具存在较严重的应力集中,如模具存在较深裂纹或中空设计的尖角等场合,这时要求模具有较高的塑韧性.

侵蚀和腐蚀 是限制有色金属压铸模使用性能和寿命的重要因素,侵蚀包括熔融合金对模具的热熔损和热磨损(如图 1.2),这是机械和化学磨损综合作用的结果,熔损将引起模具与压铸件之间的焊合现象. 此外,脱模剂对模具也有一定腐蚀作用. 当熔融铝液高速射入型腔时,造成型腔表面的机械磨蚀,同时铝液与模具材料反应生成脆性铁铝化合物,易成为热裂纹新的萌生源. 当铝充填到裂纹之中,铝与裂纹壁产生机械作用,这种作用与热应力叠加,加剧裂纹尖端的拉应力,从而加快裂纹的扩展. 提高模具钢的高温强度和化学稳定性有利于提高抗侵蚀能力,表面涂层可以有效提高热作模具抵抗侵蚀和腐蚀能力[2].

图 1.2 压铸模表面的热侵蚀现象

塑性变形 是模具强度不足时发生的失效行为. 在一些高速、重载场合,为避免模具出现致命的整体开裂现象,常采用较低的硬度以获得较好的塑韧性,此时模具由于强度不足而容易发生变形.

1.2 热作模具钢强韧化途径

在诸多种类的热作模具钢中,H13 钢是目前世界范围内应用最为广泛的热作模具钢,表 1.1 为 AISIH13 钢的成分范围.

表 1.1 AISI H13 钢的化学成分范围

成分	C	Si	Mn	Cr	Mo	V	S	P
含量 (wt%)	0.32 —0.45	0.80 —1.20	0.20 —0.50	4.75 —5.50	1.10 —1.75	0.80 —1.20	≤0.030	≤0.030

H13 钢主要含 Cr、Mo、V 等合金元素,能满足多种热作模具所要求的使用性能. 与高韧性热作模具钢 5CrNiMo、5CrMnMo 相比,

H13 钢具有更高的热强性、热稳定性和淬透性,因而可用于取代热强性不足的 5CrNiMo、5CrMnM 钢来制造热锻模以提高使用寿命;与高热强性热作模具钢 3Cr2W8V 钢相比,H13 钢具有高的韧性和抗热冲击性能,因此,它成功地取代了韧性、热疲劳抗力不足的 3Cr2W8V 钢.

提高热作模具钢的寿命和使用性能永远是冶金材料专家和模具工程师们的研究课题,几十年来这一领域的工作主要集中在以下几个方面:

1) 通过合金化优化模具钢元素配比,提高其强韧化性能;

2) 采用冶炼新工艺新技术,提高模具钢冶金质量和组织性能均匀性;

3) 开发热作模具钢热处理和表面处理新技术.

1.2.1   优化合金元素配比

碳含量影响模具钢中碳化物的数量、淬火马氏体中的碳和合金元素的含量. 当 H13 钢中含碳量由 0.42% 降到 0.27% 时,由于富钒的 MC 型共晶碳化物硬质相的数量和尺寸相应减少,钢的冲击韧性和断裂韧性以及断面收缩率等塑韧性指标都相应提高[6]. 当今的高纯净度模具钢,硫化物较少,这时共晶碳化物成为主要断裂源. 从减少疲劳断裂源角度,在这种情况下,降低碳含量也有利于提高模具热疲劳性能.

增加模具钢中的合金元素含量并不一定能改善其服役性能,关键要优化合金元素的配比. 钢中的高合金含量有助于提高其热强性,但通常也意味着塑韧性的降低,更严重则是其导热性能的下降. 文献 [7] 发现,当温度小于 700℃ 时,热作模具钢的导热性能随着合金总量的增加而下降. 这对缩短工件生产周期、提高效率不利. 早在 20 世纪 70 年代,高合金的马氏体时效钢曾被认为是铝压铸理想钢种,但由于这类钢的导热性与二次硬化型钢相比太差,对缩短压射时间,提高生产率不利,因而并没有得到推广应用.

近年来国内外发展的许多新型模具钢,大都是在 H13、H10 钢基础上进行合金元素平衡优化,以获得热强性更好的模具钢,同时避免或减少热作模具钢塑韧性和热导率的下降.

与 H13 钢相比,国内外开发的新型模具钢[8-10]如 TM、HM1、HD[11]、Y4、DH75、W303[12]、QHD[13]、ORO90 等都含有较低的 Cr、较高的 Mo 含量,以增加稳定性好的 MC、M_2C 型碳化物的量,推迟回火过程中 $M_{23}C_6$ 型碳化物的聚集过程,使这些钢具有更为持久的高温强度以及良好抗热疲劳性能[14].文献[15]指出,500℃以下热作模具钢强度随 Si 含量升高而升高,超过 500℃后反而下降.Si 含量提高,将促进回火过程中晶间碳化物粗化,损坏钢热疲劳性能[16].

上述新型热作模具钢中,不少钢的碳当量超过了 H13 钢,这些钢中更容易出现块状共晶碳化物,从而显著损坏其塑韧性[11].在 600℃以下,反而由于塑韧性低的缘故,这些新型模具钢服役性能并不优于 H13 钢[17].但当模具工作温度在 650℃以上,这类模具钢仍能保持高强度,而 H13 钢强度急剧下降而不能胜任了.

此外,以氮替代部分碳的新型热作模具钢,在不降低塑韧性的前提下,可以提高强度指标[18].通过添加微量合金元素 B、RE 等,也有利于提高压模具钢的高温性能[19].

1.2.2 纯净钢冶炼和组织均匀化技术的开发与应用

除新型热作模具钢的研发外,发展钢的质量控制技术也是模具钢制造商的另一项重要课题.正是由于精炼技术如真空精炼、电渣重熔,乃至保护气氛重熔、真空自耗,以及高温扩散,多向锻造,组织超细化等工艺技术的运用,大大地提高了模具钢的纯净度和组织性能均匀性.

模具钢的内部缺陷破坏基体的连续性,从而降低模具的寿命和使用性能,提高模具钢的冶金质量是开发高性能模具钢的一条有效途径.对热作模具钢而言,这些缺陷主要包括各种夹杂物、共晶碳化物、偏析等[20].一般电炉钢的夹杂物水平如表 1.2 所示,表中同时列出了北美压铸协会 NADCA#207-97 标准[21]对优质 H13 钢的夹杂物控制要求. 各种精炼技术的运用极大地降低钢中的夹杂物和偏析,并改善夹杂物的形态. 只有运用二次精炼技术才能达到 H13 钢高纯净度要求,当前重熔已是优质 H13 钢生产的必需工序.

表 1.2　夹杂物水平比较

类　别	A(硫化物)		B(氧化铝)		C(硅酸盐氧化物)		D(球状氧化物)	
	细	粗	细	粗	细	粗	细	粗
一般电炉钢	2.5	2.0	3.0	2.5	2.5	2.5	2.0	2.0
NADCA#207-97	1.0	0.5	1.5	1.0	1.0	1.0	2.0	1.0

表 1.3 为比较了国内外 H13 钢的部分检验标准的主要检验项目[20],对于优质 H13 钢,西方各国都有专门的行业标准,检验项目多、要求高,许多技术指标都已细化. 特别是冲击性能一项,各种标准都有很高的要求,H13 钢热处理工艺在国际上也逐渐实现了标准化[22,23].

表 1.3　国内外 H13 钢的部分检验标准及主要检验项目

标准 ＼ 检验项目	化学成分	交货硬度	纯净度	超声波探伤	晶粒度	退火组织	带状	冲击韧性	断口或低倍
GB1299-2000	√	√	—	—	—	—	—	√	√
NADCA#207-97	√	√	√	√	√	√	√	√	—
德国 DGM-97	√	—	√	√	√	—	√	√	—
法国 CNOMO E01.17.221.N	√	—	√	√	—	√	√	√	—

"√": 要求检验项目

模具钢中塑性的硫化物在热加工时将沿锻造变形方向延伸,高纵横比的硫化物将造成模具很大的应力集中,显著降低其性能. S含量对 H13 钢断裂韧性的影响显著,随着 S 含量的降低,H13 钢的断裂韧性升高,且随试验温度升高时变得更明显. 瑞典 Uddeholm 公司在其 8407 钢(即 H13 钢)的生产史上曾两次提高对 S 含量的标准要求,每次都显著改善 8407 钢的性能,大幅度提高了模具的寿命.

热作模具最主要的损坏形式是由热循环引起的热疲劳失效. 热疲劳裂纹常在夹杂物集中区域萌生,特别是硬质氧化物夹杂是影响塑韧性及热疲劳性能的重要因素,因而提高钢材的纯净度,改善夹杂物形态及分布,对提高模具的抗热疲劳能力有积极作用. 不少国家已把炉外精炼技术,如 VHD、VAD、RH、LF、ASEA - SKF 等,作为优质模具钢的标准工艺. 重熔技术不仅有效减少钢中杂质元素、残余元素的含量,同时改善钢中夹杂物、碳化物的形态与分布,能显著提高模具钢的冶金质量. 国内外许多钢厂对模具钢中有害元素的控制作了严格限制,如山阳特殊钢规定高纯净度模具钢氧含量小于 10×10^{-9},硫含量小于 50×10^{-9}.

冶炼水平的进步,不仅提高了模具钢的纯净度,同时改善了钢的组织均匀性,图 1.3 比较了增加电渣重熔工艺前后生产的 H13 钢模块横向合金元素 Cr、Mo 偏析情况[24],通过电渣重熔有效提高化学成分的均匀性,改善了组织均匀性.

H13 钢的高温均匀化、多向锻造技术及锻后的组织控制,同冶炼一样,对模具钢的质量有至关重要的影响. 欧洲的主要特钢厂,除拥有先进的冶炼设备外,都配有大功率的锻压机、水压机,以及处理钢坯的大型热处理炉. 以保证 H13 钢组织控制技术的实施,生产出高等向性的高品质模具钢.

锻造可以使钢中的气孔、疏松焊合,提高钢材致密度,从而提高模具钢的性能. 多向锻造技术近年来得到了广泛的应用,通过多次的锻造,使模具钢的性能得到了大幅度提高,利用该工艺生产的高等向性 H13 钢,不仅绝对的力学性能有所提高,而且其横向性能可以达到

（a）

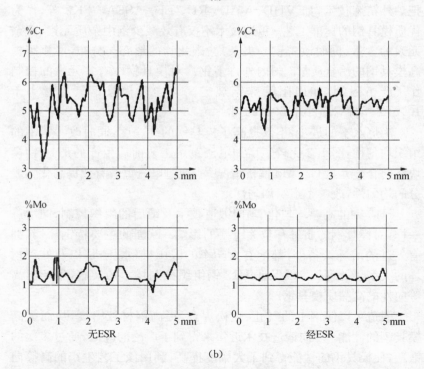

无ESR

经ESR

（b）

图 1.3　H13 钢中合金元素偏析（a）及电渣重熔对 Cr、Mo 分布的影响（b）

纵向的 80％以上,而传统工艺生产的 H13 钢仅有 50％左右.

为保证模块的充分变形,优质 H13 钢开坯时的截面收缩率需达到 75％以上,大规格的 H13 模块需采用直径 1 m 以上的电渣锭生产,才能保证足够大的截面收缩率(或锻造比),数千吨的大功率锻压设备也是确保模块内部均匀变形必需的,当今国际最先进的模具钢生产设备能生产出截面积达 320 000 mm² 的优质 H13 钢模块[4].

模具钢的高截面收缩率必然导致内部组织明显沿锻造方向分布,钢中夹杂物、碳化物和偏析的定向分布必然损坏模块的横向性能,所以通过多向锻造获得高等向性 H13 钢模块也是十分重要的技术.

H13 钢的铸造过程中,特别是电渣重熔时凝固过程中,重熔和结晶条件决定电渣锭的结晶组织和偏析情况. 铸造过程中出现的成分偏析及大块的共晶碳化物必须在后道加工中基本消除,这类凝固缺陷如保留到最终的淬回火组织中,将严重损坏钢的塑韧性.

热加工过程中铸锭加热温度和保温时间的选取,始锻温度、锻造方式、终锻温度及锻后冷却方式的确定都与钢的组织控制密切相关.通过高温扩散和热加工,共晶碳化物可以基本消除,成分偏析可以得到改善,组织性能均匀性得到进一步提高. 锻后冷却控制对 H13 钢组织结构影响很大.

Boluer 的 ISODISC, Uddeholm 的 ORVAR S,日立金属的 ISOTROPY,高周波钢业的 Microfined 等,这类钢的横向塑韧性相当于纵向的 80％~95％(一般为 40％~60％)[25]. 提高了模具的使用寿命,降低了模具的热处理变形.

在用户的改锻过程中,由于缺乏对模具钢组织转变特性的认识,工艺控制不当时,会恶化模具钢的性能. 由于 H13 钢组织控制不当将造成的二次碳化物沿晶严重析出现象,并由此造成不均匀的淬回火组织. 为此,国外许多特殊钢公司增加了对钢坯进行热处理的大型设备,对模具钢进行了深加工,避免用户由于操作不当而损坏钢的性能.

瑞典 Bafors 公司在 20 世纪 70 年代率先开发并应用组织处理工艺[27](Structure Treating Process),通过重新奥氏体化及控制冷却,消除 H13 钢锻坯中的对性能不利的沿晶碳化物,并提高组织性能均匀性,提高切削性能,降低热处理变形的不均匀性. H13 钢的深加工工艺实际上已将模具的预备热处理工艺提前在钢厂中完成,以保证其质量.

1.2.3　热处理对热作模具钢强韧性的影响

热处理是模具制造加工过程中的最后一道工序,对模具钢的使用性能有至关重要的影响. 热处理决定模具钢的内部显微组织,从而决定了模具钢的强韧性. 通过不同热处理工艺可使模具获得所需的硬度,但其组织、性能可能有显著差别[22],要充分发挥合金元素的强韧性,就必须控制其组织转变.

以典型的热作模具钢 H13 为例.

H13 钢在淬火冷却时,若冷却速度或冷却方式控制不当,就可能在冷却过程中析出较多的晶间碳化物和产生贝氏体转变,它们将分别造成晶界弱化和所谓的"贝氏体脆性"[28]. 控制淬火冷却方式是钢获得良好强韧性的一项关键工艺手段. 对于 H13 钢,在正常淬火温度下加热后,通过采用分级淬火冷却的方式,可以获得较好的韧塑性.

研究表明,采用高温淬火可改善热疲劳性能[29,30]. H13 钢的正常淬火加热温度为 1 020～1 050℃,而采用 1 060～1 100℃,甚至 1 200℃高温加热后淬火,通过提高断裂韧性可改善热作模具钢的疲劳裂纹扩展抗力.

提高淬火加热温度有利于抗热疲劳性能的改善. 这是由于随着淬火温度的提高,固溶体中碳及合金元素含量提高,从而其强度提高. 过剩碳化物数量减少,尺寸变小,减少了碳化物与基体的界面,使热疲劳裂纹源减少,尤其是经细化处理后,消除了常规球化退火后可能存在的链状碳化物等缺陷,碳化物变得较为细小均匀,滑移阻力增大,起到强化作用,有助于减少热疲劳过程中复滑移所造成的损伤.
提高淬火加热温度使热循环过程中的抗软化能力增强,这是由于其
强度储备大,同时高温奥氏体化使固溶体中合金元素含量增加,这本
身就延缓了回火转变. 但是,采用高温淬火时应当注意到,高温加热
保温会增加奥氏体的稳定性,使淬火后残余奥氏体量增多,而在高温
回火时,残余奥氏体分解析出链状碳化物,这种链状碳化物对钢的热
疲劳性能会带来一定的不利影响[6, 31].

此外,高温淬火后的晶粒比普通淬火粗大,粗晶对 H13 的韧性有
明显损坏,尽管许多试验表明 H13 钢高淬后的热疲劳抗力增加,但在
实际应用中还不是很普遍,其主要原因是:由于韧性的降低,模具灾
难性整体脆断的可能性大大增加,所以一般用户还是倾向于采用常
规温度淬火.

双重淬火[17]处理在 H13 钢上在热作模具上有良好的应用,它可
以明显提高抗热疲劳性能. 双重淬火处理后在前道得到细小均匀分
布的碳化物,最终淬火加热时,可以得到细晶粒,并使残余奥氏体量
有所增加,这些残余奥氏体以薄膜状分布于板条马氏体边界,当裂纹
在马氏体中扩展时,会受到这些薄膜的阻止.

上一节中提到的瑞典 Bofors 公司最早采用组织处理技术,典型
工艺为 1 100℃固溶、770℃高温回火[32]. 实际上,H13 钢原材料的
这种组织处理就是双重处理的前道工艺,目的是使 H13 钢均匀化,
并细化碳化物. 采用高于常规淬火温度加热后快速冷却,明显减少
粗大碳化物,使带状碳化物全部消除,获得了分布均匀的细小碳
化物.

深冷对热作模具钢服役性能也有积极意义[17]. 淬回火 H13 钢在
深冷处理条件下,过饱和马氏体处于热力学不稳定状态,所以在回火
过程中将不断析出细小弥散的碳化物颗粒分布在基体上,降低马氏
体的过饱和度,提高韧性,同时产生二次硬化效应,析出的细小碳化
物可以降低碳的扩散速度,延缓马氏体分解,阻碍晶粒长大,从而提
高回火抗力.

1.3　表面工程在热作模具钢上的研究和应用

表面工程技术主要是通过施加各种覆盖层或者采用机械、物理、化学等方法来改变材料表面形貌、化学成分、相组成、微观结构、缺陷状态或应力状态,从而提高材料抵御环境作用的能力[33]. 这是一种经济、有效的提高材料或工件性能的方法.

从传统的渗碳、氮化、氧化、渗硼、TD 扩散法、喷丸、渗金属等到先进的 PVD、CVD 涂层及激光熔渗技术,表面工程在热作模具上得到了比较广泛的研究和应用. 表面处理技术一般通过以下途径提高热作模具的性能:

1) 提高模具表面硬度和强度,保持模具内部原有的强韧性,增加模具的抵抗磨损、变形和热疲劳的性能.

2) 改善模具的应力状态,使模具在使用过程中所受应力趋缓,从而提高热疲劳抗力.

3) 提高模具的表面抗氧化和耐腐蚀性能.

4) 降低模具和压铸液之间的浸润性,减缓压铸液对模具的熔损焊合作用,提高抗粘模性能.

许多表面处理技术通过元素渗入方式或表面涂层方式提高热作模具的表面强度和硬度,从而提高模具的耐磨性和塑性变形抗力. 大多数表面处理工艺可以提高模具的抗氧化性和耐腐蚀性,对铝合金压铸模而言,多数表面涂层和改性层不同程度地降低了模具与熔融铝液之间的反应,模具的抗熔损、抗侵蚀性能得到提高. 但由于表面涂层或改性层与基体在膨胀性能上的差异,很多情况下模具表面的应力状态变得更为恶劣,损坏了模具的热疲劳抗力. 对热疲劳性能的影响是采用表面处理技术时不可回避的问题.

热疲劳行为是一种在材料表面发生的行为,研究表面处理工艺对热疲劳性能的影响,对于提高模具使用寿命有特别重要的意义. 热疲劳一般作为低周疲劳现象来解释,而低周疲劳寿命的主要控制因素是其塑韧性,而不是强度[34],因此塑韧性对于热作模具的热疲劳抗力而言意义重大. 但高硬度、高强度是热作模具钢服役的根本保证,否则模具将很会由于变形和磨损而失效. 吴玉道等人[35]对压铸模失效分析时,观察到疲劳辉纹、弹性应变为主要应变的高周疲劳特征,并通过提高模具硬度,减缓了热疲劳裂纹生产,显著提高压铸模寿命. 可见,在热循环冲击不大、塑性应变不占主导的场合下,提高模具表面强度不仅可提高模具耐磨性和抗变形能力,也改善了热疲劳性能.

表面处理在很多情况下有利于提高模具的使用性能和寿命,但表面处理技术众多,热作模具服役条件和失效方式也多种多样,只有深入理解各类表面处理技术、模具钢组织性能与失效行为之间的内在规律,才能做到合理选用,达到事半功倍的效果.

1.3.1 涂层技术

近年来,随着铝合金、镁合金等有色金属日益广泛应用于汽车、机电、家电、航空航天等领域,对压铸模的需求与日俱增,同时由于现代制造业的进步,压铸模也逐步向大型化、复杂化方向发展. 这一切都对压铸模的制造提出了更高的要求. 为获得良好的寿命和高可靠性,除了采用高品质的模具钢原材料和优质的制造加工工艺. 世界范围内,许多研究小组在表面工程领域做了大量的试验研究工作,这方面最多的工作集中在各种陶瓷涂层的研究,以延长压铸模的使用寿命.

对压铸模而言,除了最常见的热疲劳失效外,由于反复地与熔融金属接触,其常见的失效方式还有焊合和熔损[36]. 压铸件与模具间发生的焊合和熔损将导致脱模困难、铸件表面损伤等,故对压铸模表面处理的首要问题是为了解决模具的焊合和熔损问题. 各种陶瓷涂层具有很好的化学稳定性和高强度、高硬度等特性,很早就从刀具领域被引入到模具领域,PVD 陶瓷涂层业已广泛应用于各种成形、碾磨、有色金属深拉延、压铸等许多领域,这类涂层的最低工艺温度可降至 140℃[37]. 各种涂层 TiN、TiC、CrN、(TiAl)(CN)等被试验应用于热作模具,这类涂层的工艺温度刚好在热作模具的高温回火温度范围内.

Mitterer 等人[38-40]就各种涂层包括 TiN,Ti(CN),Ti(BN) 和 (TiAl)(CN)等对铝压铸模的焊合、熔损、热疲劳等性能的影响进行了较为系统的研究,并获得了良好的使用效果. 陶瓷涂层应用于压铸模的最大功效在于有效地阻隔了熔融铝液和压铸模的直接接触,显著降低了模具的腐蚀、氧化、熔损以及与铸件的焊合,从而提高压铸模的服役性能和寿命. 如以熔损为主的压铸模芯棒经 PVD 陶瓷涂覆后,其寿命提高了 3～8 倍[41].

但应用陶瓷涂层的最大问题在于陶瓷涂层在膨胀性能上与模具钢基体的不匹配,这会造成涂层的早期开裂失效. 尤其是热冲击强烈、热循环温差大的场合,陶瓷涂层将早早出现开裂而得不偿失. 尽管不少研究中采用陶瓷涂层提高了压铸模的使用寿命,但这只能是在一定场合下,即热疲劳并不是其主要失效方式,而其它诸如腐蚀、熔损或磨损为主要失效形式时的场合.

由于一般的 PVD、PACVD 陶瓷涂层工艺温度都限制在热作模具钢的回火温度范围 500～600℃温度范围内,陶瓷涂层难以向基体扩散,而与基体间有明显分界,陶瓷涂层与模具钢基体间的并不是良好的冶金结合,如图 1.4 所示.

 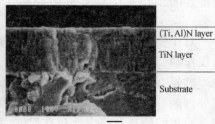

(a) CrAlN PVD涂层[42]　　　　(b) TiN–TiAlN PACVD复合涂层[43]

图 1.4　陶瓷涂层和模具钢基体间的明显界面

PVD、CVD 陶瓷涂层工艺比较复杂,对模具表面的清洁程度要求高,因此陶瓷涂层在热作模具上的研究工作还主要集中在试验室,实际应用也局限在小型的压铸模零部件. 等离子化学气相沉积工艺 PACVD 工艺和设备的发展加快了陶瓷涂层的推广和应用,与 CVD 相比,其处理温度低;与 PVD 相比,不必调整模具或工作靶就能获得均匀涂层,适用于大模具. 在外形尺寸为 $520 \times 520 \times 300$ mm 重达 200 kg 热作模上采用 PACVD 陶瓷涂层,获得了较好的使用效果[40].

涂层的优化工作是模具钢表面涂覆的一个重要方向. Lugscheider 等人[43]比较了各种陶瓷涂层的热膨胀性能,指出 Cr 的涂层膨胀系数与模具钢的比较接近,采用这类涂层有助于改善陶瓷涂层与模具基体的结合力,其中 CrAlN 涂层比 CrN,CrC 涂层效果更好. 因与 H13 钢有良好的结合力,CrAlN 及 TiAlN 被认为是具有应用潜力的涂层.

由于各种陶瓷涂层各有优缺点,文献[43, 44]研究了多层复合陶瓷涂层的在热作模上的表现,但同样无法避免对模具钢热疲劳抗力的损伤,表现为热疲劳裂纹数减少,但深度增大.

陶瓷涂覆前进行等离子渗氮是提高陶瓷涂层与基体结合力的有效方法,在热作模陶瓷涂覆前先进行等离子渗氮处理,不仅清洗了模具表面,氮扩散层作为涂层和基体之间的过渡层,可减缓热循环过程中陶瓷涂层的不利影响,因而得到了广泛研究,对热作模具寿命提高的效果显著[45-48].

鉴于各种表面陶瓷涂层,无论是单层,还是多层,或者与渗氮复合,都不可避免地造成与基体在膨胀性能上的差异,所以对模具热疲劳性能的负面影响几乎是无法避免的. 美国俄亥俄州立大学的 R. Shivpuri、科罗拉多冶金学院 J. Moore 等人在 NASA(美国国家航空航天局)、NADCA(北美压铸协会)等单位的资助下,20 世纪末致力于设计开发一种新概念压铸模复合涂层系统. 该复合涂层系统的设计要求是[49]:与液态铝合金无润湿性;在压铸过程中耐氧化、耐磨损;能承受压铸过程中的循环热冲击.

　　设想的涂层系统包括表面工作层（working layer）、中间复合层
（intermediatemulti-layer）即功能层（functionally graded layer）和粘
着层（约 50 nm）三部分．其功能分别是：表面工作层，隔离铝液的耐
磨、耐氧化的非润湿性表面；中间复合层，起到减小热应力的作用；粘
着层，提高涂层与模具钢基体的附着力．

　　文献[3]披露了该项目的部分研究成果，该涂层系统的组成为：
最外层—稀土氧化物层（热障层），中间层—TiAlN 层（阻扩散层），内
层—Ti 层（附着层）．在功能的提法上与上述设计要求略有差异，复
合涂层系统除了使压铸模表面具有抗焊合、抗熔损、耐氧化、耐磨损
等功能外，该涂层系统最大特点是减少热量向模具的传递，减缓模具
的温度变化，以提高模具钢的热疲劳抗力．该涂层系统在压铸模上进
行了实物试验，明显提高了基体的热疲劳抗力．

1.3.2　渗氮技术

　　渗氮工艺温度与热作模具钢的回火温度完全吻合，与成本高昂
的陶瓷涂层相比，渗氮是热作模具更为常用的传统工艺，成本低，而
且可靠性高．可供选择的渗氮方式也多种多样，包括气体渗氮、盐浴
渗氮、等离子渗氮、流态炉渗氮等．

　　渗氮后，钢的表层组织由表及里一般是氮化物层（白亮层）和扩
散层；通过气氛、温度和渗氮方式的选择可有效控制渗层组织及其性
能．在各种氮化工艺中，等离子氮化可控性最强，可以控制白亮层的
生成以及扩散层的质量．

　　热作模具钢渗氮后表面形成的化合物层，其性能和功能类似与
上节中的 PVD 陶瓷涂层．提高渗氮工艺温度或提高氮势，一般有助
于化合物层的获得．在渗氮气氛中加入含碳组分的氮碳共渗工艺（即
软氮化），可使化合物层有更好的强韧性，该工艺适合于抗研磨和摩
擦的模具零件，如顶杆和压射料缸等．为避免化合物层对模具钢热疲
劳抗力的不利影响，很多时候则不希望其出现．

　　渗氮对热作模具服役性能的影响一直是研究人员感兴趣的课

题,成功应用的实例很多,焦点集中在渗氮对模具钢热疲劳抗力的影响,不少文献[50-52]认为渗氮提高了模具的热疲劳抗力,同样相当数量的研究者[53-55]得出了相反结论.

20世纪90年代日本热处理技术协会热作模具钢表面改性研究委员会在这一领域作了比较系统的研究工作[56],日立金属、大同特殊钢、山阳特殊钢等日本主要的模具钢供应商和日产、住友等用户组成的热作模具钢表面改性委员会联合进行了系列试验,对比研究了各种氮化、软氮化、硫氮共渗工艺,以及 PVD、EDM、喷丸、复合表面处理后的 SKD61 钢(即 H13 钢)的热疲劳、熔损和磨损性能. 研究表明,不同表面处理不同程度地提高了模具钢抵抗熔损和磨损的性能. 由于影响模具钢热疲劳性能的因素众多,表面处理对热疲劳影响非常复杂,表面处理改变了裂纹的萌生和发展特点,大多数工艺损坏了模具钢的热疲劳抗力.

但从表 1.4 和图 1.5 中可见,表面处理提高了模具钢抗熔损性能,其中,PVD 和氧化处理对抗熔损性能的提高非常显著.

表 1.4　大同特殊钢和日立金属的熔损试验结果比较

表面处理工艺	气体氮化	(气体、盐浴)软氮化	等离子氮化	PVD	喷丸	氧化处理	气体软氮化	(气体、离子、盐浴)硫氮共渗
大同特殊钢	△	◎	◎	◎	有害	◎	△	◎
日立金属	△	△	○	◎	有害	◎	△	◎

◎:效果大　○:效果中　△:效果小

该委员会多家成员进行了表面处理热作模具钢的热疲劳性能研究,其中日立金属的研究工作最为丰富,也最具代表性. 图 1.6 显示了日立金属研究的部分表面处理自约束热疲劳试样热循环 1 000 次后的表面外观相貌和截面组织相貌,以及试样表层的原始硬度. 与未处理试样相比,各种氮化及复合处理试样的热疲劳裂纹数量有所减

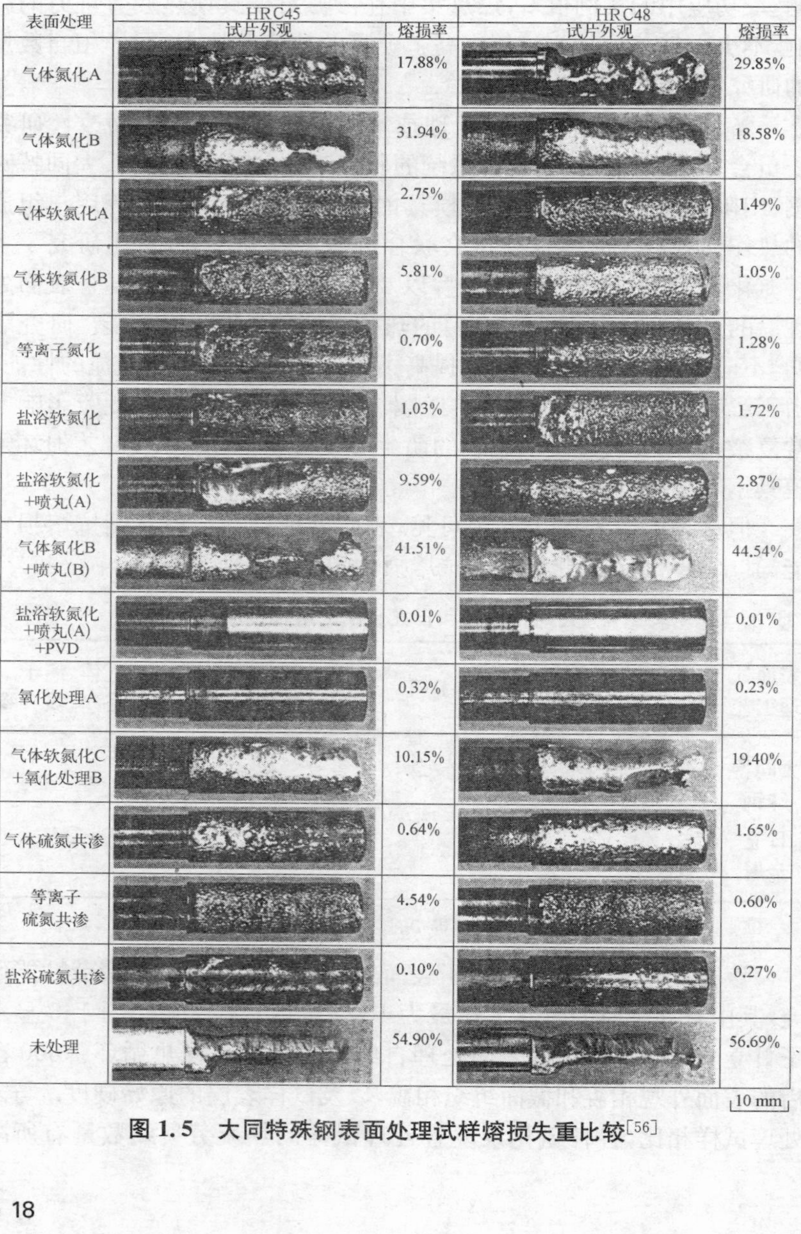

表面处理	HRC45		HRC48	
	试片外观	熔损率	试片外观	熔损率
气体氮化A		17.88%		29.85%
气体氮化B		31.94%		18.58%
气体软氮化A		2.75%		1.49%
气体软氮化B		5.81%		1.05%
等离子氮化		0.70%		1.28%
盐浴软氮化		1.03%		1.72%
盐浴软氮化+喷丸(A)		9.59%		2.87%
气体氮化B+喷丸(B)		41.51%		44.54%
盐浴软氮化+喷丸(A)+PVD		0.01%		0.01%
氧化处理A		0.32%		0.23%
气体软氮化C+氧化处理B		10.15%		19.40%
气体硫氮共渗		0.64%		1.65%
等离子硫氮共渗		4.54%		0.60%
盐浴硫氮共渗		0.10%		0.27%
未处理		54.90%		56.69%

⌊10 mm⌋

图 1.5　大同特殊钢表面处理试样熔损失重比较[56]

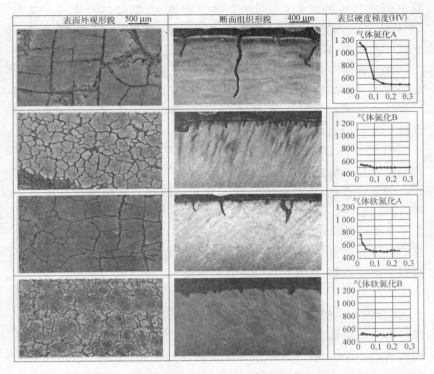

图 1.6 表面处理对热疲劳性能影响[56]

少,但主要裂纹深度增大. 热疲劳裂纹特征与试样表层的原始硬度分布有很大关系,渗氮硬化效果越显著,裂纹数量越少,主要裂纹越突出,其深度也越大.

这些表面处理是否提高了模具钢的热疲劳抗力? 这就涉及到热疲劳裂纹的评级. 热疲劳试验方法种类繁多,并未形成通用的国际标准,因此也没有标准评定方法,一般根据裂纹的数量(总长度)、平均裂纹深度、主要裂纹深度等指标进行评判. 其中利用 Uddeholm 评级图谱[57]评级是比较经典的判断热疲劳裂纹严重程度的方法,该图谱有两大系列,即网状裂纹系列和主裂纹系列,通过与标准图谱对比,确定两类裂纹的级别数,两级别数之和越大,裂纹越严重. 吴晓春等[58]对这一评级方法进行了完善,考虑了裂纹深度的影响,提出了损伤因子的概念,采用计算机辅助评定,提高了热疲劳裂纹评判精度.

实践和研究表明,对热作模具而言,少量粗而深的主裂纹比大量细而浅的裂纹的危害更大. 所以,显著提高表层硬度的渗氮通常损坏了模具钢的热疲劳抗力,在热冲击大、以热疲劳为主要失效方式的场合就不宜采用表面强化工艺.

但实践中,渗氮提高模具热疲劳性能的现象是存在的,渗氮不仅提高了模具表层强度,并使模具表层呈压应力状态,这两者都对抑制裂纹的萌生有利,模具钢的高强度通常可以起到延缓裂纹萌生的作用,这在热作模具热冲击不大、应变较小(主要为弹性应变)时比较显著. 渗氮对热疲劳抗力的不利因素主要有两方面,一是提高了模具表层的线膨胀系数,二是降低了模具表层的塑韧性,前者将加剧热循环过程中的应力幅,后者将加速裂纹的扩展.

由此可见,渗氮对热疲劳性能的影响是双重的. 由于渗氮有利于提高模具钢的耐磨性,抗腐蚀及抗熔损性能. 所以,有选择地在热作模具上的使用适当的渗氮有利于提高模具的使用性能和寿命. 对热冲击大的热作模具,尤其是结构复杂的压铸模具,很多不经过表面处理而直接使用. 即便为提高模具表面的抗氧化性和抗腐蚀性而采用渗氮工艺,也通常是采用短时渗氮,氮扩散层不超过 0.1 mm,避免对模具表面的韧性造成损伤,热疲劳性能是压铸模使用时首要考虑的性能[59].

1.3.3 其它表面处理

文献[60]在 3Cr2V8V 钢上分别进行 Ni45、Ni60、Co-23 三种自熔性合金粉末的氧-乙炔火焰喷熔处理,喷熔层显示了良好的摩擦磨损、多冲疲劳和热疲劳性能. 与此类似的碳化物激光熔渗在热作模具上的应用研究更丰富[61-64],都显著提高了模具的耐磨性、抗氧化、抗焊合和熔损性能.

此外还有镀镍磷[65]、渗硼[66]、TD 扩散法,以及高氮势下的渗氮(有白亮层)等,与表面合金化涂层一样,都有类似 PVD 陶瓷涂层的特点,即显著提高了模具表面的耐磨性、抗氧化和抗腐蚀熔损性能,但由于膨胀系数上的不匹配,故都不同程度地恶化了热应力状态而损坏了模具钢的热疲劳性能.

由于渗氮带来的高强度和压应力在一定条件下有利于热作模具钢的热疲劳性能,所以许多表面复合处理都是结合渗氮进行的. 采用等离子加氩渗氮可避免白亮层的出现,碳的同时渗入可缓减扩散层硬度梯度而对热疲劳性能有利[67]. 文献[68]研究了等离子渗氮、气体软氮化、盐浴 SNC 共渗三种化学热处理工艺对热作模具钢热疲劳性能影响,结果显示,在热循环温度较低时(100～433℃),这三种表面强化工艺都提高了热疲劳抗力,且气体软氮化还能在更高的热循环温度下(200～650℃)保持良好的热疲劳抗力.

H13 钢 SNC 表面共渗在我国有一定的研究和应用,该工艺在减少模具热磨损、热熔损方面有较好的效果. S 元素渗入钢表面形成少量 FeS 是也改善了钢的耐磨性. SNC 共渗对压铸模的使用性能有很大提高[69],单一软氮化或单一硫氮碳共渗后的 H13 钢的抗氧化性及热疲劳性能都不够高,利用稀土元素,采用稀土-硫氮碳共渗后随之进行氧化处理[70],可以使其热疲劳性能显著提高,模具寿命也较大幅度提高,但稀土的加入降低了试样的抗热熔损性能. 稀土的作用机制在于细化渗层中氮碳化物、改善氮碳化物的分布状况、增强氧化膜与相邻相之间结合力及缓解热应力.

热作模具经适当喷丸后,抗热循环软化作用有明显提高. 强力喷丸的强化作用能够经受相当次数的热循环而不致完全消退,部分强化作用仍然保留下来,这是由于钢含有适量的铬、钼、钒,因而具有较高的回火稳定性和再结晶温度.

对于大型或型腔复杂的压铸模,由于其服役过程中的应力变化复杂,为避免早期局部疲劳失效的风险,不用说陶瓷涂层,即便是短时渗氮也是绝对禁止的. 通过调整热作模具表面的硬度可以延长模

具寿命,文献[54]对 3Cr2W8V 铝合金压铸模采用 1 070℃淬火,
620℃、580℃两次回火,对温度服役时温度波动最为剧烈的模芯采用
700℃局部表面回火,深度约 10 mm 范围内硬度控制在 34~38 HRC,
其余硬度 45~48 HRC,有效提高了模具寿命.

对禁止进行表面强化的热作模具,多数模具钢生产商建议用户
使用热作模具之前进行轻微氧化,通常是在空气中加热到 500℃,保
温 1~2 h,产生 1~10 μm 的氧化膜(厚度决定于模具钢的成分)[71].

应用某些抗焊合涂料或压铸模在试模过程中,有时会在模具表
面形成致密的黑色氧化物层,该氧化物层主要由富含 C、Si、S 的
Fe_3O_4 构成,能显著提高压铸件的脱模性能[71]. 表面形成 Fe_3O_4 膜能
提高模具钢的抗氧化能力和抗熔损性能,Fe_3O_4 是铁的氧化物中致密
度较高、结构较稳定的氧化物. 多孔性的 Fe_3O_4 膜能贮存一些冷却
剂,既起到冷却作用又起到润滑作用,使模具工作时的摩擦热有所降
低,有利于模具保持较高硬度. 致密的 Fe_3O_4 的存在还能阻止热工件
与模具基体直接接触,使模具表面不易产生氧化腐蚀沟槽,提高模具
的热熔损抗力,减少诱发热疲劳裂纹的因素.

Sundqvist[72]比较了 QRO-90S 和 H13 钢空气氧化行为,QRO-
90S 钢在空气中的氧化速度几乎是 H13 钢的 5 倍. 为获得富含
Fe_3O_4 的氧化膜,将 QRO-90S 和 H13 钢 500℃空气氧化 2 小时后,
采用含硫酸的商用油基抗焊合膏剂(Metalstar PA123,Kluber
Lubrication)侵蚀以去除 Fe_2O_3,然后进行再次氧化、涂膏剂去
Fe_2O_3,共反复进行了五次. 在多次氧化的 QRO-90S 试样上获得了
10~15 μm 主要含 Fe_3O_4 的氧化膜,但在 H13 钢上由于氧化膜太薄
而未成功.

Fraser 等人[73,74]指出,与各种高成本的陶瓷涂层、热扩散 TRD
涂层相比,氧化工艺是简便、成本低廉的表面改性工艺,其优势在于
反应温度低,也适用于大模具. 他们对 H13 钢的空气、蒸汽和可控气
氛(CO_2/H_2)氧化处理后的组织和热熔损性能进行比较深入的研究,
各种氧化膜都有效降低了铁铝反应和焊合现象,蒸汽氧化获得的更

致密氧化膜而比空气氧化膜具有更好的抗焊合性能. 此外,在 95:5 的 CO_2/H_2 混合气氛中,利用纯铁和 H13 钢分别获得了致密的纯 Fe_3O_4 氧化膜.

尽管实践表明氧化有利于模具钢使用性能的提高,但对热作模具钢氧化工艺和行为的研究工作并不多[71, 73],对热作模具钢表面氧化工艺、组织,以及模具钢氧化改善服役性能的机制还未深入探讨.

1.4 本文研究内容

优良的高温强度/硬度和韧性/延性是热作模具钢应具备的力学性能的两个重要方面,通过热处理可以对两者进行适当调整以适应不同服役场合的要求,前者主要决定于模具钢的成分,而钢材的冶金质量水平对后者的影响更为显著. 当今优质模具钢生产已采用了最为先进的各种精炼和组织控制技术,将各种材质缺陷对模具钢性能的影响降低到了最低限度. 相比之下,在提高热作模具服役性能和寿命的三条途径中,表面工程的领域更为广阔.

根据前文 1.3 节中所介绍的,在各种表面处理技术中,氧化对热作模具的积极意义表现在多方面. 对压铸模而言,最大的功效表现在氧化膜的抗铝合金熔损性能上. 氧化膜的储油、润滑,以及作为热障层一定程度减缓热量向模具传递的作用对各种热作模具寿命的提高都有积极意义. 热作模具服役时,表面都将自然地发生不同程度的氧化,某些自然氧化的压铸模上表现异常优良的寿命. 所以,热作模具钢的氧化行为,以及其氧化膜的性能值得深入研究.

氮化在热作模具上的研究和应用工作业已充分展开,在很多场合有效提高了热作模具的寿命. 对至关重要的热疲劳性能而言,氮化的作用是双重的,对以热疲劳为主要失效形式,尤其存在整体开裂倾向的热作场合,氮化的使用应慎之又慎. 深入研究模具钢各种氮化组织对其服役性能的影响机理,针对不同场合的热作模具,开发和优化氮化工艺,意义重大.

　　氧化和氮化对热作模具都有积极作用,因此热作模具钢的氧氮复合或氮氧复合组织可能具有很大的应用潜力. 尽管氧氮化工艺在高速钢刀具[75]、不锈钢器材[76]上早已应用,但热作模具钢上的这类工艺的使用不多,机理性的研究几乎没有. 氧氮复合(或氮氧复合)处理后的热作模具是否兼有氧化和氮化所具有的优点? 工艺如何实现? 这些都值得探讨.

　　本文为提高热作模具的寿命和使用性能,研究 H13 钢(蒸汽)氧化工艺、氧氮/氮氧复合处理工艺及其组织和性能,以期开发具有实际运用价值的热作模具表面处理工艺. 在不降低热疲劳抗力的前提下,提高压铸模的抗熔损、抗焊合等服役性能;提高挤压模,热锻模的耐磨性、润滑性等性能指标,以提高模具的寿命和使用性能. 具体研究内容包括:

　　1) 研制适用于处理热作模具的蒸汽氧化、氧氮/氮氧复合处理设备;

　　2) 各种气氛条件下,H13 钢的氧化工艺和组织. 着重研究蒸汽条件下的, H13 钢的氧化工艺、组织、性能,及其氧化机理;

　　3) 研究 H13 钢氧氮/氮氧复合处理工艺,分析预氮化对 H13 钢氧化、预氧化对 H13 钢氮化的影响机理;

　　4) 氧化处理及氧氮复合处理对 H13 钢抵抗铝合金热熔损的影响,分析 H13 钢压铸模的熔损机理,并探讨表面处理提高压铸模熔损抗力的机制;

　　5) 比较氧化处理及其它表面处理对 H13 钢热疲劳性能的影响,着重研究氧化处理对热疲劳裂纹萌生和扩展的影响机制;

　　6) 将所研究的氧化、氧氮/氮氧复合处理工艺应用于实际热作模具.

第二章　H13 钢蒸汽氧化
处理设备的研制

2.1　H13 钢氧化及氧氮复合处理的意义

2.1.1　钢铁材料的氧化及其应用

钢铁材料在空气、H_2O 和 CO_2 等氧化性气氛,以及酸、碱、盐等多种环境条件下,表面将发生不同程度的氧化. 一般将金属材料的氧化分成两类,常见钢铁制品表面生成红色铁锈,是人们所不希望的,称作"灾难性氧化";而许多钢铁制品,人为地使表面生成以 Fe_3O_4 为主的致密氧化物,称作"可控性氧化",这类氧化膜不仅可以提高工件的抗氧化、耐腐蚀性能,还具有装饰、减震、耐磨、润滑、降低噪音等效能. 在五金工具、标准件、枪炮、光学零部件、电器零件以及工艺美术等方面都有着广泛的应用,特别适用于不允许电镀或油漆的零件,以及在油中工作的精密零件的表面防护[1-2].

钢铁氧化处理是一项比较成熟的低成本表面处理工艺. 常用的钢铁氧化处理方法有[1]:熔盐氧化法(发黑)、碱性氧化法(发蓝)[3]、无碱氧化法、常温酸性氧化法[2]和蒸汽氧化法等. 目前,常温酸性氧化法的研究和应用最为广泛[2, 4-6]. 除蒸汽氧化法外,上述氧化工艺一般在室温或 $100 \sim 200\,^{\circ}\mathrm{C}$ 低温范围内进行,生成的氧化膜也较薄,对环境有污染,但这些化学转化膜技术仍是目前钢铁制品最常用的表面防护工艺.

相对上述化学转化膜方法而言,蒸汽氧化在钢铁制品上的应用较少,主要用于两大领域:一是对硅钢片进行回火处理,以提高其表面绝缘性和防锈能力、改善导磁性能、消除冲剪应力;二是高速钢工具的表面处理,以提高钻头、车刀等工具的防锈性能和减磨性能.

近年来,蒸汽氧化在铁基粉末烧结零件得到了良好应用[7],其表面硬度可提高 40%~80%,抗压强度提高 20%~40%,气密性、抗腐蚀性大幅度提高[8]. 美国康明斯发动机用铸铁排气管应用蒸汽氧化,在排气管连接处生成不超过 10 微米的耐高温氧化膜,避免反复加热形成金属瘤而使用工件咬死[9]. 铁素体不锈钢表面经蒸汽氧化处理获得以 Fe_3O_4 为主的灰黑色的氧化膜后,对太阳能的吸收能力将大幅度提高[10].

2.1.2 钢铁材料氮化及氧氮处理的应用

渗氮是钢铁最常用的表面强化工艺之一,工艺方法简便. 氨气是最常用的气源,氨气(NH_3)加热到高温后在钢铁的催化下分解出氢气和活性氮,活性氮吸附在钢铁表面并扩散到内部,随着浓度的增加,形成氮的化合物层和扩散层. 未附着的氮原子,变成氮气,成为惰性气体.

钢铁不能直接吸附氮气中的氮,氮化过程的持续需要不断地在钢铁表面发生 NH_3 的分解反应. 根据 Fe-N 相图[11],随着钢表面氮浓度的上升,将按下列顺序发生相的变化:$\alpha \to \gamma' \to \varepsilon \to \xi$. 钢铁材料表面渗氮后,材料表面的硬度、强度大大提高,氮化同时赋予了工件良好的耐磨性、抗疲劳和抗咬合性能. 渗氮是目前钢铁零件最常用的低温化学热处理工艺,适用于碳钢、合金钢、工模具钢、不锈钢、铸铁等各类零件,应用面非常广. 由于各种场合需要表面改性效果有所侧重,各种合金元素对渗氮过程影响差异很大,所以渗氮工艺和技术方面的研究长盛不衰. 渗氮的关键是,通过渗氮温度、气氛和时间等参数的选择,控制工件表面获得的化合物层与扩散层的厚度、相组成和分布.

渗氮的工艺方法很多,包括气体渗氮、液体渗氮、固体渗氮、盐浴渗氮、等离子渗氮等,其中气体渗氮、盐浴渗氮、等离子渗氮是目前最为普遍的渗氮工艺,各有优缺点,而等离子渗氮是可控性最强渗氮工艺.

在渗氮气氛中添加含碳组分而发展成的氮碳共渗(软氮化),由于表面化合物层韧性的提高而得到了广泛应用. 硫氮、氧硫氮、硫碳氮等工艺都是基于渗氮工艺发展起来的表面处理工艺. 渗氮以及在此基础上发展起来的各种表面处理工艺已广泛应用于热作、冷作、塑料等几乎所有的钢铁模具,在许多场合都显著地提高了模具的使用寿命和性能,在国际上形成了许多专有技术.

渗氮气氛中不可避免地会混入空气,从而造成铁的氧化物的生成,由于采用氨气渗氮时将产生大量的氢,在这种还原性气氛中,渗氮初期形成的铁的氧化物将被还原,故渗氮不会造成工件表面的氧化. 实际应用中发现,有些场合下氧化不仅不会对渗氮产生负面影响,反而对渗氮过程有很大的促进作用[12-14],但其机理仍不十分清楚. 目前的解释是:渗氮前预氧化生成的氧化薄膜在渗氮初期被还原,新生的洁净表面呈现出很高的化学活性,具有大量能够吸附氮的活性位置[13];氧化后表面出现的微孔,增加了表面缺陷,可提供位错露头、台阶和各种表面缺陷的悬键,形成具有较低"势垒"的活性中心,使氨分子被吸附几率和吸附量增加,促使其分子断键,在渗氮过程中起到了触媒的作用[14],从而使活性氮原子渗入过程加快. 钢铁制品的氧氮化处理工艺在我国的许多企业得到了比较广泛的应用[13-17],通常采用氨气加少量空气、氨水、氨气＋蒸汽或甲酰胺水溶液等各种方式形成氧氮气氛,对各种钢铁零件进行氧氮化处理. 尽管国内的氧氮化工艺已有相当长的应用时间,但是这方面的技术仍然停留在经验上,氧氮化工艺的可控性较差. 国外主要发展了两类工艺,形成了以气体氮化＋氧化为核心的 Nitrotec®系列工艺[18],和离子氮化＋氧化为核心的 PLASOX®系列工艺[19]. Nitrotec®1985 年由英国引入日本后在钢铁行业得到了广泛应用[20],PLASOX® 由德国技术人员开发,经上述工艺处理的零件除具有良好的耐磨性和疲劳强度外,其抗腐蚀性能和摩擦学性能也相当优异. 更重要的是,与一般的氧氮化技术相比,这两项技术环境友好,尤其是后者.

氧化与渗氮结合的另一应用是不锈钢表面渗氮,由于不锈钢表面通常有一层钝化膜,所以通常在渗氮前必须将这层钝化膜去除,然后才能将氮渗入不锈钢中. 传统的去除钝化膜方法有[21]：喷砂磷化法、氯化铵法、四氯化碳法、药丸法、电解气相催渗法[22-23]. 而预氧化则是消除钝化膜不利影响的简单易行的方法,马氏体不锈钢在 500～600℃,奥氏体不锈钢在 750～850℃氧化形成适当厚度的氧化膜后,就可进行渗氮处理[22].

热作模具钢通常在淬火后需要进行 2～3 次 500～600℃温度范围内的回火,以提高其回火稳定性,改善强韧化性能. 热作模具钢的渗氮或氧化可结合其高温回火进行,因此工艺上易于实行. 其中渗氮在热锻模、热挤压模上的实际应用很多[23],尽管渗氮处理后模具的热裂倾向增大,但由于模具表面强度、硬度的提高,有效地提高了模具抵抗热变形、热磨损的能力,只要模具渗氮组织控制得当,常常能获得事半功倍的效果.

氧化是热作模具工作过程中表面发生的自然现象,在空气、冷却液、润滑液等介质下,模具表面将形成黑色的氧化膜. 氧化膜对降低工件和模具间的摩擦磨损、改善工件成形条件、提高模具使用性能方面有积极意义. 氧化膜对于压铸模而言更有意义,无论是压铸过程中自然形成的、还是人为地通过氧化工艺在压铸模表面生成的氧化膜,能在工作过程中避免熔融压铸液与模具的直接接触. 与钢铁材料相比,氧化膜是一种具有非金属性质的陶瓷类物质,可减缓压铸液对模具的侵蚀熔损作用,因此可提高压铸的使用性能和寿命.

同氮化一样,表面氧化通常有利于提高模具的寿命和使用性能. 但氧化对模具还有不利的方面,当模具表面严重氧化,出现疏松氧化膜时,会严重影响工件的成形和质量,更重要的是,当模具表面出现疲劳裂纹后,裂纹尖端的氧化将提高热循环过程中的拉应力,促进裂纹的扩展,所以通常要求模具钢有良好的抗氧化性能. 而模具钢的抗氧化性能主要与钢中的合金元素含量有关,合金元素含量越高,通常其抗氧化性越好.

鉴于氮化和氧化都对热作模具的寿命和可靠性有积极意义,但目前有关热作模具钢氧化的研究工作并不多,而热作模具钢表面氧氮或氮氧复合处理的研究则更少. 所以本文就这方面的内容进行研究,试验采用最具代表性、应用最广泛的 H13 钢,然后必须考虑进行表面处理的设备,为了能使研究工作紧密结合实践,该设备不仅能对试样进行处理,而且希望能对小型模具进行处理.

尽管钢铁零件表面氧化方法很多,但是环境友好、并能在较短时间内生成具有良好保护性能的氧化方法首推蒸汽处理. 高速钢刀具的蒸汽氧化处理和低压氮氧复合处理是目前比较成熟的工艺,所以借鉴相关的设备和工艺,建立 H13 钢的表面处理装置,展开研究工作. 根据国外的氧氮化经验[18-20, 24-25],H13 钢的氧氮化更倾向于研究先氮化、后氧化处理后的组织及其性能.

2.2　氧氮复合处理炉的设计和制造

2.2.1　预抽真空蒸汽氧化及氧氮复合处理试验

目前,蒸汽处理炉在国内各专业工具制造厂有广泛的应用,其结构实际上是一台带有风扇的井式回火炉(图 2.1),蒸汽可从炉子下部或上部通入,用过的蒸汽则从炉子上部通过装在炉盖上的安全阀放散. 炉内蒸汽压力一般控制在 $0.1 \sim 0.3$ MPa[26],根据上海工具厂的经验,在不影响炉膛温度的原则下,可将蒸汽流量和压力尽量提高,这样更有利于炉内蒸汽的均匀性和氧化质量;在工艺起始阶段,采用大压力、大流量的蒸汽排空炉内蒸汽,同时也有助于促进工件表面清洗后残留水滴的挥发,以保证蒸汽化质量.

实际应用中还有多种工艺方法进行氧化处理,如向正在工作中的高温回火炉内滴加水滴,使之快速汽化成水蒸气,可使炉内工件实现回火的同时进行表面蒸汽氧化处理. 滴加含氮的甲酰铵水溶液经裂解后形成的气氛,可对工件进行氧碳氮表面处理. 但是这类滴加方法的工艺性比较差,工件的表面处理质量难以保证.

当前国内所生产的井式预抽真空回火炉,除缺少供氨系统外,其主要结构与井式气体氮化炉相同. 这种回火炉,通常预抽真空后冲入

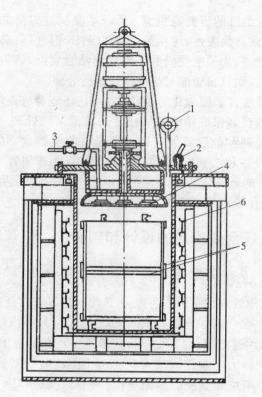

1—压力计　2—备用阀　3—蒸汽管道（接蒸汽过热器）
4—风扇　5—料罐　6—加热元件

图 2.1　蒸汽处理炉结构示意图[26]

氮气作为保护气氛,减轻工件在回火时的表面氧化和脱碳. 如抽空后
冲入氨气,就可对炉内工件进行气体渗氮.

　　鉴于上述分析,首先考虑到在现有的井式预抽真空回火炉上附
加通入蒸汽的管道装置,通过控制蒸汽和氨气的输入,对炉内工件进
行氧化、氮化或氧氮化处理. 目前国内工具厂蒸汽氧化炉采用的蒸汽
源大都为管道蒸汽,这对实验室不太适合,故本试验采用小型的电加
热蒸汽发生器提供蒸汽. 通过比较,最后选用了 DZFZ－12B 型电热

蒸汽发生器. 这是一种安全、稳定、可靠的蒸汽源,可作为干洗、厨房、医用消毒、小型烘房等场合使用的蒸汽源. 与管道蒸汽相比,这种供气方式更具有灵活性. 该蒸汽发生器的主要技术参数见表 2.1.

表 2.1 DZFZ - 12B 型电热蒸汽发生器主要技术参数

技 术 参 数	参 数 值
额定蒸汽压力	0.60 MPa
额定电功率	12 kW
额定蒸发量	16 kg/h
电源	380 V 50 Hz 三相四线制
水泵电机功率	0.75 kW
进水管径	DN1/2″
蒸汽输出管径	DN1″
重量 kg	150
外形尺寸 mm	600×650×1 150

对功率为 60 kW 预抽真空回火炉的改造工作主要是进气管的改进. 由于发生器输出的蒸汽温度一般在 140～150℃,远低于 500～600℃蒸汽热处理温度,为使蒸汽充分预热、避免影响炉内温度,在回火炉炉罐内侧紧靠罐壁布置不锈钢盘箱管,总长度约 50 m,用以对流经的蒸汽进行预热. 蒸汽从盘箱管底部的出气孔进入炉膛,并在顶部炉盖风扇的驱动和导风套的作用下在炉内循环,通过调节进气阀和排气阀的开启度,控制炉内蒸汽的压力,从而实现蒸汽处理.

由于工业用蒸汽流量计的规格都远远大于本试验中所采用的蒸汽流量,如苏州化工仪表厂生产的 LFX 型蒸汽流量计,最小规格为通径 25 mm、压力为 0.05 MPa 时流量为 105 kg/h,0.5 MPa 时流量为 150 kg/h. 而国内工具厂蒸汽处理时,也未对蒸汽流量进行监控,因此试验中放弃了对蒸汽流量的测量.

预抽真空井式回火炉进气管改造后,随即进行蒸汽处理的调试,调试结果并不理想,调试过程和出现的问题见表 2.2.

表 2.2　回火炉蒸汽处理调试记录

调 试 内 容	试验过程和现象	结果和分析
蒸汽接通试验 Ⅰ 接通管道、回火炉不加热、炉盖打开.	蒸汽发生正常,设定蒸汽压力 0.4 MPa,实际达到 0.58 MPa 停止加热、低于 0.4 MPa 重新加热. 炉内蒸汽管道出口处蒸汽夹带水珠喷出.	蒸汽发生器设定压力为蒸汽最小压力. 由于蒸汽在管道中受到冷却,而有冷凝水产生.
蒸汽接通试验 Ⅱ 炉子预抽真空,加热到 300℃,通蒸汽.	蒸汽流量时小时大,难以控制,当流量较大时,回火炉排气口蒸汽夹带水珠喷出,当炉内蒸汽压力大于 0.2 MPa 时,蒸汽从炉盖密封圈处喷出. 打开炉盖,炉底和炉盖下有大量冷凝水.	所采用的球阀难以控制流量大小,改用针形阀. 炉子通蒸汽时没有热透,炉底温度偏低,炉盖有水冷,故形成冷凝水.
蒸汽接通试验 Ⅲ 炉子预抽真空,加热到 450℃,保温 1 h,通蒸汽. 将蒸汽发生器压力设定在 0.3 MPa. 炉盖不通冷却水,仅密封电小水量冷却.	通过调节发生器放气阀和回火炉进气阀,蒸汽能较稳定输送,蒸汽稳定从炉子排气口喷出,有时有少量水珠. 炉盖下和炉底仍有少量冷凝水,密封圈处冷凝水较多.	炉盖温度偏低,导致过热蒸汽冷凝. 炉盖上掉落的冷凝水到炉底.
蒸汽处理试验 加热到 550℃(实际炉内温度约 530℃),保温 1 h 后,通蒸汽 0.5 h,蒸汽发生气压力设定在 0.2 MPa. 其它同上.	发生器实际蒸汽压力 0.2～0.35 MPa. 炉内压力稳定在 0.1 MPa,密封圈处有冷凝水形成水封,当蒸汽偏大时,蒸汽将由此逸出. 炉盖下有冷凝水,炉底没有冷凝水. 试样表面颜色不均匀.	炉盖温度偏低,仍有冷凝水生成. 试样氧化不均匀.

由表 2.2 可见,预抽真空回火炉改造为蒸汽热处理炉的问题主要集中在:(1)蒸汽流量较难控制. (2)有冷凝水. 试验初期采用耐高温软管由蒸汽发生器向回火炉输送蒸汽,出于安全性和稳定性考虑,后改用不锈钢管;管道中改用耐热球阀,以稳定控制蒸汽流量;在管道中增加排水阀,以排出输汽管中产生的冷凝水. 经过这样改造后,蒸汽的输送稳定了很多. 与普通蒸汽炉相比,预抽真空蒸汽热处理炉在通入蒸汽前先抽出炉内的空气,当蒸汽阀打开时,由于两边压力差较大,所以接通蒸汽初期的蒸汽流量不太稳定.

冷凝水问题是预抽真空蒸汽热处理时更为主要的问题. 将炉子充分加热,当炉子各部位都处较高温度,即高于蒸汽露点时可避免形成冷凝水. 井式炉电热丝布置在炉衬四周,底部和顶部无电热丝,这种分布特点决定了炉膛上下区温度低,中部温度高. 而对于预抽真空炉,不通冷却水将损坏密封圈和密封电机,所以炉盖必然是出现冷凝水的薄弱环节.

普通蒸汽处理炉无需抽真空,自然没有密封圈,蒸汽处理初期采用 0.2～0.3 MPa 的高压过热蒸汽排空空气,而后采用压力较低的过热蒸汽氧化. 为将氮化和氧化工艺结合,高速钢工具的低压氧氮复合处理一般是在预抽真空井式渗氮炉中进行的,为避免冷凝水的形成,高速钢工具氧氮复合处理时采用的介质分别为空气和氨气,所以不存在冷凝水的问题.

上述回火炉抽成真空后内通入氨气,能顺利地进行氮化处理. 但要实现蒸汽氧化,只有改变炉盖水冷结构,避免冷凝水的出现,才能顺利地进行蒸汽处理.

2.2.2 H13 钢氧氮热处理炉的研制

鉴于上节中的关于冷凝水和蒸汽流量稳定性的两个主要问题,根据现有工具钢蒸汽氧化炉的结构特点和蒸汽传送方式,考虑设计既可进行蒸汽氧化、又可进行氮化的氧氮热处理炉. 该热处理炉用来对钢铁材料进行 650℃ 以下的多种表面化学热处理,其主要功能是蒸汽处理、气体氮化,及其复合处理等.

氧氮热处理炉在结构上接近于高温回火炉,最初考虑在炉体和炉罐之间排布换热管,蒸汽通入炉罐之前先经换热管加热,换热管绕在炉罐之外,这样布置有比较高的热效率,但这种设计不便于制造、安装及以后的维护. 所以另外设计蒸汽加热炉体,目前工具厂都采用专门的蒸汽预热炉. 为减少热量损失,提高热效率,将蒸汽加热炉和蒸汽处理炉设计成一体.

专门设计的氧氮热处理炉的主要技术参数如表 2.3 所示,其结构如图 2.2 所示.

表 2.3 氧氮热处理炉技术参数

氧氮处理炉额定加热功率	24 kW
蒸汽预热炉额定加热功率	15 kW
额定温度	650℃
额定电压及相数	380 V 3 相
炉罐尺寸	$\phi 450 \times 860$ mm
有效工作尺寸	$\phi 300 \times 500$ mm
加热区数	二区
加热元件材料	Cr20Ni80
蒸汽盘箱管及规格	1Cr18Ni9Ti、$\phi 18$ mm
蒸汽盘箱管展开长度	30 m
蒸汽盘箱管最大耐压	0.5 MPa
炉罐最大耐压	0.3 MPa
炉罐材质及厚度	1Cr18Ni9Ti、6 mm
PID	固态继电器自整定程序控温

炉体分上下两部分组成,上下两个炉体分别为蒸汽预热炉体、蒸汽热处理炉体(如图 2.2). 其中蒸汽预热炉体四周和底部布置耐火砖,上部与蒸汽热处理炉相通;蒸汽热处理炉四周布置耐火砖,上部

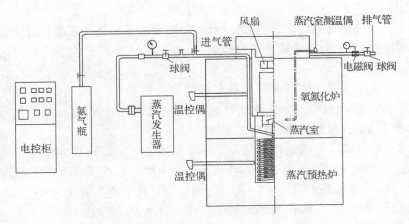

图 2.2　氧氮表面处理装置示意图

为炉盖. 炉盖和蒸汽处理炉罐之间采用石墨碳毡密封,炉罐下部与蒸汽室相通,盘箱管上端接蒸汽室,另一端进口接进气管. 细长的蒸汽盘箱管和蒸汽室的设置,使高压蒸汽能充分预热并通过蒸汽室上开设的许多小孔稳定地通入蒸汽热处理炉内.

盘箱管采用内外两层结构,为提高换热效率,宜采用铜管制造,但因试验中将采用氨气渗氮,故采用不锈钢管制造. 考虑到设备的可靠型和可维护性,进气管与盘箱管连接采用活接头,盘箱管与蒸汽室连接采用死接头(焊死). 蒸汽热处理时,管道和炉罐内要求能承受的 $0.3 \sim 0.4$ MPa 蒸汽压力,炉罐经过专门的耐压试验.

炉盖上设计密封电机,带动风扇转动,提高炉罐内的温度均匀性和气氛的均匀性. 炉盖上安装自动泄气阀,防止炉罐内压力过高,同时也能起到控制炉内蒸汽压力的作用. 但实际蒸汽氧化处理时,炉内蒸汽压力应是依靠调节进气阀和排气阀调节的. 炉罐颈部布置排气口,排气口设置压力式电磁阀和手动阀.

上下炉体分别有两根热电偶控制,上炉体采用 FP73 仪表、下炉体采用 FP21 仪表对炉温进行 PID 控制. 热处理炉罐内温度由炉罐口直接插入的热电偶监控,温度直接显示于控制面板并由圆图仪记录.

输气系统的结构如图 2.2 所示,蒸汽发生器和氨气瓶都与进气管相连接,分别向炉中通入蒸汽或氨气,就可对试样或工件进行氧化或氮化处理了.

利用该氧氮热处理炉进行了蒸汽氧化试验,在 500～600℃ 温度在 H13 钢上获得了令人满意的试验结果,氧化膜呈蓝灰色,无颜色不均、起泡、开裂及剥落现象,工艺性良好.

根据图 2.2 的设计思路,ASSAB 宁波公司、ASSAB 上海公司先后于 2003 年、2004 年委托浙江长兴工业电炉厂制作了 90 kW 的蒸汽氧化炉,炉子外形尺寸 $\phi 1\,400 \times 2\,500$ mm,其中蒸汽氧化炉膛(工作区)$\phi 700 \times 1\,200$ mm,成功地用于热作模具的表面氧化处理.

但作为多功能的氧氮热处理炉,试验中暴露出了设计上存在的不足:

在设计上,炉内蒸汽的流量和压力由进气阀的控制,由于蒸汽发生器的蒸汽压力会在一定范围内波动,在进气阀开启度一定的情况下,炉内的蒸汽流量和压力将发生波动,在排气口设计的压力式电磁阀可以对炉内的蒸汽压力进行控制,当压力超过设定值后将打开电磁阀排气.实际使用时电磁阀很快由于承受不了流经的过热蒸汽的加热而失效.手动排气阀也存在同样问题,尽管后来在氧氮热处理炉的排气管上安装了水冷套,并采用高耐热性的排气阀.热处理过程中调整和改变炉内蒸汽压力仍是比较麻烦的工作,需要同时调节进气阀和排气阀的开启度才能实现.

其次,该炉子使用一段时间后,驱动风扇的密封电机噪音逐渐增大,最后由于主轴变形而出现卡死现象.其原因是由于蒸汽的侵入引起的,尽管通过设计的改进,电机冷却时基本避免了冷凝水的产生.这表明,蒸汽比氨气对电机性能的影响更大.

上海工具厂现有的蒸汽氧化炉的结构相当简单,既没有驱动炉内气氛的风扇,也没有专门用于排出蒸汽的排气口,蒸汽从炉底通入炉内,从炉盖与炉罐的缝隙间排除,由于炉内蒸汽保持正压力,空气难以进入蒸汽炉中. 这样的简单设计更有利于蒸汽氧化的控制,避免了上述不利影响.

而采用氧氮热处理炉进行渗氮处理的设计是不成功的. 首先在通入的氨气压力不大的情况下难以完全排出炉内空气;其次在炉内保持正压渗氮气氛时,采用石墨浸油盘根难以实现良好密封,氨气将发生泄漏. 所以要进行渗氮处理,就必须先将炉罐抽成真空,然后通入氨气,为避免氨气泄漏,渗氮是在负压下进行的,而为避免空气进入炉内,必然要采用密封性能良好的密封圈,这样又要采用水冷结构. 这又回到了采用预抽真空回火炉进行氧氮处理的最初构想. 所以图 2.2 所示试验装置还只是一台蒸汽氧化炉.

由此可见,将蒸汽处理与渗氮结合在同一热处理炉中进行尽管工艺上是可行的,但实际由于蒸汽处理在正压下进行、而渗氮处理宜采用负压进行,所以其结合比较困难. 要将氧化和渗氮结合,还是可以考虑采用低压空气氧化结合低压渗氮处理的工艺方法. 采用 H13 钢试样,在上海工具厂进行了两次随炉低压氧氮化试验,工艺温度 550℃,低压(约 0.05 MPa)渗氮 2 h+低压空气(约 0.05 MPa)氧化 1 h,共两个循环,两次试验的结果相同,H13 钢基本无渗氮层,表面氧化膜 3~4 μm. 因此 H13 钢氧化和氮化工艺的结合应考虑其它方法.

本文将 H13 钢的等离子渗氮和蒸汽氧化工艺进行了结合,这两个工艺分别在不同热处理炉中进行,并取得了一定的效果,具体内容将在第三章中展开.

2.3　小结

1) 表面渗氮和氧化对热作模具的寿命和使用性能都有积极意义. 与渗氮相比,热作模具钢的氧化工艺、组织、性能及其对模具性能影响的研究工作并未深入. 实践表明,钢铁材料的预氧化对渗氮有促进作用,尽管这一方面的机理至今仍不是很清楚. 氧化能进一步改善渗氮工件的抗腐蚀性和摩擦学特性. 热作模具渗氮和氧化的结合能否发挥各自优点,这对于热作模具寿命的延长很有研究价值.

2) 采用预抽真空回火炉或蒸汽氧化炉,都难以将蒸汽氧化处理和气体渗氮工艺结合在同一热处理炉中进行. 这是由于蒸汽氧化在正压下进行,而渗氮在负压下进行,将这两工艺结合在一起的问题在于炉子的难以密封、炉内气氛的保持困难.

3) 将蒸汽预热炉和蒸汽氧化炉整合在同一炉体中具有节省能源,节约场地,便于控制等优点;蒸汽盘箱管的细长结构设计、蒸汽室的设置有利于高温蒸汽流稳定地输入蒸汽热处理炉中;输入阀、排气阀和泄气阀设计形式保证了炉内蒸汽的可控性和安全性. 按上述技术结构设计的新型蒸汽氧化炉在工业上得到了成功应用.

第三章　H13 钢蒸汽氧化工艺、组织和性能研究

3.1　H13 钢氧化热力学分析

3.1.1　金属氧化原理

金属氧化是指金属与氧化性介质反应生成氧化物的过程,狭义的氧化仅指金属与氧气形成氧化物的反应,而广义的氧化指金属与含氧、硫、碳、卤素及氮等气体介质反应形成氧化物的过程.

氧化过程中,金属与氧发生的氧化反应速度相对于动力学生长速度往往快得多,体系多处于热力学平衡状态,因此热力学分析对氧化过程的研究意义重大. 由于氧气是自然界和工业环境中最常见的气体介质,金属与氧气发生的反应氧化反应是最基本的,反应式为:

$$M + O_2 === MO_2 \qquad\qquad (3-1)$$

根据范特霍夫等温方程式,该反应的吉布斯自由能的变化为:

$$\Delta G = \Delta G^0 + RT \ln K \qquad\qquad (3-2)$$

其中,K 为反应平衡常数,并有:

$$K = \frac{a_{MO_2}}{a_M a_{O_2}} \qquad\qquad (3-3)$$

由于金属 M 及其金属氧化物 MO_2 均为固态纯物质,它们的活度都等于1,即 $a_M = a_{MO_2} = 1$,而 $a_{O_2} = p_{O_2}$,p_{O_2} 为氧分压,故:

$$\Delta G = \Delta G^0 - RT \ln p_{O_2} \qquad\qquad (3-4)$$

一定温度下，上述反应平衡即 $\Delta G = 0$ 时，$\Delta G^0 = RT\ln p'_{O_2}$，$p'_{O_2}$ 为该温度下氧化物的分解压. 所以，一定的温度、氧分压条件下，就可根据：

$$\Delta G = RT\ln\frac{p'_{O_2}}{p_{O_2}} \tag{3-5}$$

判断纯金属的氧化倾向，或者判断金属氧化物的稳定性. 根据 ΔG 值可以判断反应的进行方向. 但实际应用时，反应温度、气体介质种类和分压都是可能变化的参数，且铁的常见氧化物就有 FeO、Fe_2O_3 和 Fe_3O_4 三种，所以应用上述方法进行氧化分析比较繁琐.

利用氧化物的埃林厄姆-理查森图[1] (如图 3.1)，可判断不同温度和氧分压下纯金属氧化生成单一氧化物的可能性，预测金属在不同温度下发生氧化反应时标准自由能的变化，并判断一定温度和氧势条件下金属氧化物的稳定性，预测金属在不同气氛 (O_2，H_2/H_2O，CO/CO_2) 中氧化的可能性.

铁在氧化性气氛中的主要反应为：

$$3Fe + 2O_2 = Fe_3O_4 \tag{3-6}$$

$$2Fe + O_2 = 2FeO \tag{3-7}$$

$$4Fe_3O_4 + O_2 = 6Fe_2O_3 \tag{3-8}$$

$$6FeO + O_2 = 2Fe_3O_4 \tag{3-9}$$

铁在平衡反应条件下，可与氧生成 Fe_3O_4、FeO 相. 一定温度条件下，氧分压的变化将造成 Fe_3O_4 与 Fe_2O_3 或者 Fe_3O_4 与 FeO 之间的相互转变. 根据图 3.1 可判断一定的温度和氧分压条件下稳定存在的铁的氧化物相，由此可获得 $Fe-O$ 体系的 $\Delta G^0 - T$ (图 3.2)[2].

由图 3.2 可见在 570℃以下 FeO 相不能稳定存在，铁在 570℃以下氧化生成的氧化物由表及里依次是 Fe_2O_3 和 Fe_3O_4 相，当温度超过 570℃后，氧化膜和基体交界处才出现 FeO.

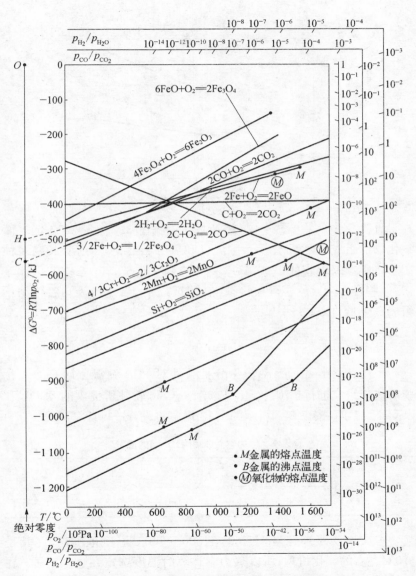

图 3.1 部分典型氧化物的埃林厄姆-理查森图

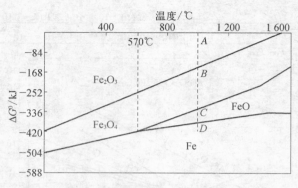

图 3.2 Fe-O 体系的 $\Delta G^0 - T$

H13 钢中的主要成分是铁,所以可根据图 3.2 判断 H13 钢表面氧化物的组成. 实际情况下,除温度和氧分压变化外,还有其它多种因素将影响氧化膜的组成,H13 钢中含有 Cr、Si、Mn 等易氧化性元素,这些合金元素的含量和状态将对 H13 钢的氧化行为和氧化物相组成产生重要影响.

3.1.2 氧化热力学计算

采用 Thermal-Calc 热力学分析软件对 H13 钢氧化后表面氧化膜的物相组成进行预测. 利用 Thermal-Calc 软件所提供的 SSOL 和 SSUB 数据库,按表 3.1 所示的 H13 钢主要成分进行计算.

表 3.1 热力学计算用 H13 钢的成分

元 素	Cr	V	Si	Mn	C
含量(wt%)	5.0	1.0	1.0	0.3	0.4

本文主要感兴趣是 H13 钢在 500～700℃ 温度范围内,尤其是 570℃ 左右的氧化机理,所以热力学计算时温度选定在这一范围. 在气氛压力为 1 atm 条件下,确定 H13 钢成分和温度后,体系的自由度

为 1，根据物相平衡原理，利用 Thermal-Calc 软件计算平衡条件下不同氧分压时 H13 钢表面氧化膜的物相组成.

计算结果表明，H13 钢在很低的氧含量（约 10^{-40} Pa）时，表面就将发生氧化. 500～570℃ 温度范围内 H13 钢氧化膜物相组成相同，有多达九种的氧化物物相组成. 图 3.3a 是 H13 钢在 550℃ 氧化膜物相计算结果，图中横坐标为气氛中的氧分压，纵坐标为各氧化物的质量百分比，可见 570℃ 以下氧化达到平衡时，H13 钢氧化膜中的 Fe_3O_4 相为主要相，占 80% 左右，$FeCr_2O_4$ 相出现在很宽的氧分压范围内（10^{-28} Pa～10^{-16} Pa），含量超过了 10%，铁橄榄石 Fayalite 相（Fe_2SiO_4）和 FeV_2O_4 相也都超过了 1%，出现在氧含量较低的范围. 而铁的另一主要低温相 Fe_2O_3 在 550℃ 的物相计算图中以替代 Fe_3O_4 相的形式出现在高氧分压区，占氧化膜总量的 80% 左右.

当温度超过 570℃，计算所得的 H13 氧化膜物相组成的最大变化是众所周知的 FeO 的出现，Fe_2O_3 相则消失了，其余各种氧化物相还都存在，各相出现范围和含量上有所变化. 图 3.3b 为 H13 钢在 600℃ 氧化膜物相计算结果，Fe_3O_4 相仍为主要相出现在较高的氧化分压条件下，占 80% 以上，而 FeO 相出现在 Fe_3O_4 相左边相应的低氧分压位置，且出现 FeO 相的氧分压范围很窄. 尽管温度升高，但 $FeCr_2O_4$ 相仍以大于 10% 的含量出现在很宽的分压范围内，Fe_2SiO_4 相和 FeV_2O_4 相的含量和出现范围也基本不变.

根据对 H13 钢 500～700℃ 氧化膜的物相计算，可归纳出的氧化膜物相组成，如表 3.2 所示. 500～570℃ 范围内，Fe_3O_4、Fe_2O_3、$FeCr_2O_4$、FeV_2O_4 和 Fe_2SiO_4 相占 99% 以上，其中前三者为主要相，在 570～700℃ 温度范围内，氧化膜中的主要相变为 Fe_3O_4、FeO、$FeCr_2O_4$. 而不足 1% 的微量相石英、蔷薇辉石、锰橄榄石等，在研究 H13 钢氧化膜时忽略不计.

尽管类似图 3.3 的氧化膜物相计算图可全面地给出了不同氧分压条件下膜的物相组成和含量，但对于 H13 钢氧化膜组成相随温度和氧分压的变化不十分明了，而平衡相组成随环境的变化规律对

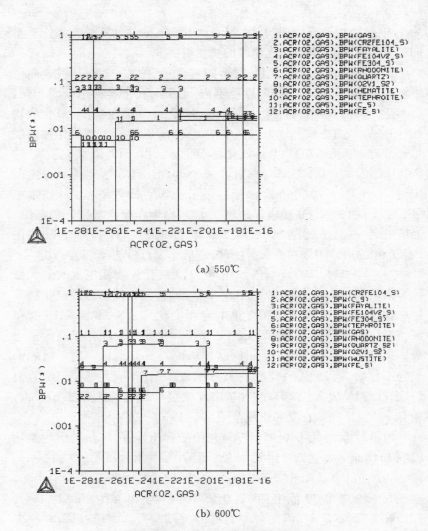

(a) 550℃

(b) 600℃

图 3.3　H13 钢氧化膜物相计算结果

H13 钢组织控制和氧化机理的研究意义重大. 为此,采用 Thermal-
Calc 软件分别对 H13 钢主要组成相 Fe_3O_4、FeO、Fe_2O_3 及 $FeCr_2O_4$
等在氧化膜中出现的规律进行计算,结果如图 3.4 所示.

表 3.2　H13 钢表面氧化膜组成相

温　　度	500～570℃	570～700℃
主要相 （各占 10 wt% 以上）	Fe_3O_4 Hematite(Fe_2O_3) $FeCr_2O_4$	Fe_3O_4 Wustite(FeO) $FeCr_2O_4$
次要相 （各占 1～10 wt% 以下）	Fayalite(Fe_2SiO_4) FeV_2O_4	Fayalite(Fe_2SiO_4) FeV_2O_4
微量相 （不足 1 wt%）	Quartz(石英) Rhodonite(蔷薇辉石) VO_2 Tephroite(锰橄榄石)	Quartz(石英) Rhodonite(蔷薇辉石) VO_2 Tephroite(锰橄榄石)

　　随着温度升高,图 3.4 中四种氧化物的出现范围都向高氧分压方向移动,这与图 3.1 中所内含的规律,即温度升高、氧化物平衡氧分压升高的规律是一致的. H13 钢氧化膜中的这些主要组成相出现和变化特点是:FeO 在 570℃时仅出现在氧分压为 $1.55 \times 10^{-26} \sim 1.67 \times 10^{-26}$ Pa 很窄的范围内（见图 3.4a）,随着温度升高,在平衡氧分压随温度升高的同时,生成范围也扩大;与 FeO 不同,随着温度升高,Fe_2O_3 的生成范围逐渐变窄;在不同温度下,生成 Fe_3O_4 的氧分压范围处于生成 Fe_2O_3 的氧分压左侧,而当 FeO 出现后,则处于生成 FeO 的氧分压右侧,这与图 3.2 所示的氧化膜的物相分布一致. $FeCr_2O_4$ 出现在很宽的氧分压范围内,570℃以下与出现 Fe_3O_4 及 Fe_2O_3 相的氧分压范围重合,570℃以上与出现 FeO 及 Fe_3O_4 相的氧分压范围重合. 由此可见,Fe_3O_4、$FeCr_2O_4$ 是 H13 钢在 500～700℃ 范围内发生氧化时必然出现的物相,且尽管 $FeCr_2O_4$ 出现时的在氧化膜内的相对量一般较 Fe_3O_4 要少,但其在氧化膜内出现的可能性（氧分压范围）更大.

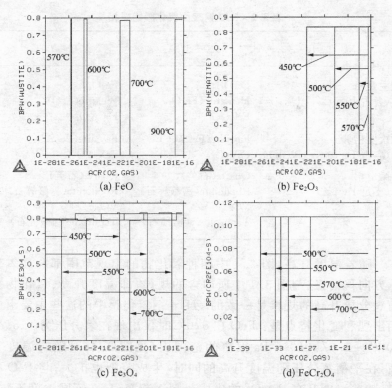

图 3.4　H13 钢氧化物主要组成相状态图

3.2　H13 钢蒸汽氧化研究方法

3.2.1　试验材料

　　试验采用优质 H13 钢原材料,其化学成分如表 3.3 所示. 各类试样加工到尺寸后,采用 1 020℃真空淬火、600℃真空或保护气氛两次回火,获得 48 HRC 左右的硬度. 然后用金相砂纸磨光将进行观察和检测的表面,磨至 02♯砂纸. 再将试样放入酒精中采用超声方法清洗,取出后采用冷风快速吹干备用.

表 3.3　试验用 H13 钢的化学成分

元　素	C	Si	Mn	Cr	Mo	V	S	P
含量(wt%)	0.40	1.02	0.41	5.14	1.46	0.93	0.001	0.009

由于金属氧化行为是一种表面行为,与表面状态有很大关系,故各类 H13 钢氧化试样准备方法基本保持一致,试样表面的手工磨光和清洗一般在进行蒸汽氧化的前一至两天进行.

研究 H13 钢蒸汽氧化所采用的试样如图 3.5 所示,分别用于组织观察、物相分析、力学性能检测及服役性能试验.

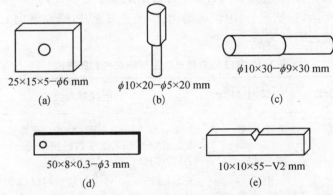

25×15×5−φ6 mm
(a)

φ10×20−φ5×20 mm
(b)

φ10×30−φ9×30 mm
(c)

50×8×0.3−φ3 mm
(d)

10×10×55−V2 mm
(e)

(a) 金相试块 (b) 热疲劳试样 (c) 熔损试样 (d) 氧化增重试片 (e) 冲击试样

图 3.5　各种氧化试样示意图

3.2.2　试验内容

蒸汽氧化在 2.3 节介绍的专门研制的蒸汽氧化炉中进行.　对 H13 钢而言,其常用回火温度在 550~600℃ 范围内,超过 600℃ 后将很快由于回火软化而失去应用价值,故温度超过 600℃ 时的 H13 钢氧化行为研究的实际意义并不大.　实际应用时,H13 钢的氧化可以结合其高温回火工艺进行,通常作为第二次或第三次回火,可兼有调整硬度和表面氧化的作用.

H13 钢的二次回火时间应适当,否则将造成过回火而降低其热稳定性,尤其是在回火温度较高时. 所以 H13 钢的氧化工艺时间不宜过长,一般在 2~4 h 为宜.

根据钢铁材料的氧化规律和 3.1 节中 H13 钢氧化膜相组成的热力学计算结果分析,570℃是 H13 钢氧化膜中可能出现 FeO 的临界温度,在 570℃温度上、下 H13 钢氧化时将可能出现不同的氧化相.

基于上述对 H13 钢二次回火、氧化相的分析,H13 钢的氧化温度主要选择 550℃和 590℃,着重研究氧化 2~4 h 后氧化膜的组织和性能,氧化时间最长至 8 h. H13 钢的氧化试验主要研究内容和方法如表 3.4 所示,包括成分、组织和物相、性能三方面,以研究氧化工艺、组织和性能之间的关系.

表 3.4　H13 钢氧化试验主要研究内容和方法

研究内容	采用试样	分析仪器和设备
组织观察	金相试块	Nikon ECLIPSE L150 型光学显微镜、Nikon COOLPIX995 数码照相机
	冲击试样	HITACHI 扫描电镜(SEM)
相组成	金相试块	Rigaku Dmax-r C X 射线衍射仪(XRD)
成分	金相试块	HITACHI 能谱仪(EDS)
氧化动力学	氧化增重试片	光电天平
力学性能	金相试块	AKASHI MVK - E 显微硬度计、Fischerscope - H100VP 型力学探针、SLN6 - 140 型纳米硬度计
	冲击试块	JB - 30 冲击试验机
	氧化增重试片	拉伸试验机
体视显微镜
热疲劳性能	热疲劳试样	热疲劳试验机(Uddeholm 型,自制)
热熔损性能	热熔损试样	熔损试验装置(自制)

3.2.3 研究和分析方法

3.2.3.1 氧化膜组织

分别在 550℃、590℃不同温度条件下,分析 H13 钢蒸汽氧化不同时间(1～8 h)后所获得的氧化膜组织和厚度,并研究蒸汽压 0.1～0.2 MPa(相对蒸汽压,即大气压力作为 0,下文同)之间变化对氧化膜的影响. 蒸汽压力的控制是通过蒸汽发生器输出阀和蒸汽氧化炉排气阀的调整实现的,如需要高的炉内蒸汽压时,加大蒸汽输出阀开启度的同时,关小排气阀,如要求的蒸汽压较低,则相反.

研究 H13 钢的蒸汽氧化行为,必须对氧化产物进行分析,包括了解氧化物的种类、氧化膜表面和断面相貌、氧化膜厚度、结构、元素分布等.

试验条件下获得的 H13 钢氧化膜比较薄,利用穆斯堡尔谱[3]和二次离子质谱(SIMS)[4]等轰击的方法可以比较精确地测量金属氧化膜厚度,但这类方法时间长、成本高. 利用丙烯酸塑料固化在氧化膜表面,并采用 SEM 测量方法比较可靠[5],但从制样到观察也需要好几天.

本试验需分析较多的氧化膜试样,上述分析方法不能满足实际要求. 经过反复试验,摸索出了一套氧化膜金相观察试样制备方法. 将两形状规则的长方体金相试块(见图 3.5a)相重叠,氧化膜待观察面置内侧,在两相对的观察面之间加入镍片,然后将两试块用螺栓拧紧,使镍片紧贴在试样上. 由于金相试块待观察面具有较低的粗糙度,而镍片具有适当的强度和延性,这样制样时垃圾不易进入镍片和试样之间,镍片很好地起到保护氧化膜的作用.

在 Nikon ECLIPSE L150 型显微镜(OM)下观察氧化膜截面组织,并采用 Nikon COOLPIX995 型数码相机拍照,利用同步放大的标尺测量氧化膜的厚度. 但 OM 放大倍率低,景深短,故采用 SEM 观察氧化冲击试样的表面及断面形貌,以更清晰地观察氧化膜的特征.

氧化膜膜内元素分布特征对分析金属的氧化行为和机制非常有

帮助. 为了解各主要元素和氧在氧化膜内的分布及帮助分析膜内相分布,采用带有能检测超轻元素的特殊能谱探头检测了氧化膜沿深度方向的化学成分及其分布.

相分析是金属氧化膜分析的基本内容,以此可判断氧化后的产物,晶体结构等. 与 X 光电子能谱(XPS)和俄歇电子能谱(AES)相比,采用 X 射线衍射(XRD)方法分析物相更为方便和普遍,但后者相对穿透深度大,更多地反映了基体的信息,在分析很薄的氧化膜信息较弱. 由于 H13 钢的氧化膜达到了微米级,故可以采用 Rigaku Dmax-r C 型 X 射线衍射仪对不同金相试块进行物相分析,比较氧化工艺对 H13 钢氧化膜组成相的影响,射线源为 Cu 靶.

3.2.2.2　氧化动力学

3.1 节中的热力学分析判断了 H13 钢氧化的条件和可能生成的氧化相,而动力学测量是 H13 钢氧化行为研究的另一重要方面,以此判断氧化反应的速度. 金属与氧反应生成氧化物的过程中,消耗了金属和氧. 金属的氧化速率可选择以下几个参量来表征.

1) 金属的消耗量;

2) 氧的消耗量;

3) 生成氧化物的量.

根据平衡反应式 3.1,上述三个量在表征氧化速率时是等效的. 其中方法(2)优势明显,不需要破坏试样. 利用质量法、容量法和压力法等测试技术[2]都能实现氧化过程中氧的消耗量的测定,其中质量法最直接、最方便.

由于 H13 钢的蒸汽氧化在专门的氧化炉中进行,难以采用热天平进行连续称重. 为测定 H13 钢的蒸汽氧化速率,本文最初采用不连续称重法即按时间逐个取出炉内的氧化试样,获得一定氧化条件下试样质量随时间的变化,以此获得氧化增重曲线. 这种方法简单易行,但有明显缺点[2]:

1) 一个试样只能获得一个数据点,画一条完整的动力学曲线需要多个试样;

2) 由于实验条件的差别,每个试样上获得的数据可能不是等效的.

试验结果正是如此,获得的氧化增重数据起伏波动很大,难以反应 H13 钢蒸汽氧化增重规律. 该试验从另一侧面也反映了 H13 钢蒸汽氧化时有明显的个体差异,个体表面状态的差异是造成这一差异的主要原因.

为此,本文改进了上述不连续称重方法,采用同一试样进行多次不连续称重获得一条完整的动力学增重曲线,这种方法避免了个体表面状态差异造成的一条增重曲线上的单一数据点数据离散. 尽管该试验方法中准确的氧化时间难以确定,但实践证明该方法行之有效,能较好反映不同条件下的氧化动力学.

H13 钢蒸汽氧化动力学分析过程如下:

分别在 510℃、550℃、590℃、610℃ 的不同温度及 0.1 MPa 的蒸汽压力条件下,利用 H13 钢氧化增重试片(见图 3.5d)进行氧化增重试验,每一温度三个试片,分别在氧化 0.5、1、2、3、4 h 后进行不连续称重. 称重后,以放入试样后、炉子重新回到试验温度为时间开始点计算氧化时间.

将各试样氧化不同时间后的绝对增重换算至单位面积增重,应用 ORIGIN 数据分析软件绘出不同温度下的三条氧化增重曲线,分别采用抛物线方程对曲线进行拟合,获得不同温度下的氧化常数,根据氧化常数与温度之间的关系,就能获得 H13 钢蒸汽氧化激活能,从而分析 H13 钢蒸汽氧化动力学行为.

3.2.2.3　力学性能分析

H13 钢氧化膜的完整性很大程度上决定于氧化膜的力学性能,这对表面氧化处理的热作模具的服役性能意义重大. 描述氧化膜力学性能的主要参量包括:杨氏模量、线膨胀系数、热疲劳强度、内应力、氧化膜断裂强度、氧化膜/基体界面结合强度等. 其中,内应力、氧化膜/基体界面结合强度决定了氧化膜的粘附性,是氧化膜力学性能研究中最重要的研究范畴. 搞清氧化膜的破裂机理,并建立与氧化膜力学性能之间的关系,是改进工艺提高氧化膜实用性能的理论基础.

试样表面状态、氧化物相、显微结构和膜/基界面状态对氧化条件很敏感,并对氧化膜的力学性质产生显著影响,而且氧化膜膜内具有一定化学位梯度,力学性能与其生长机制、基体合金、氧化时间试样形状等诸多因素有关,因此氧化膜力学性能极其复杂,到目前为止,这方面的研究工作还很不成熟[2].

氧化膜性质属陶瓷,但与大块氧化物陶瓷在力学性能上有很大差异,各种传统的力学性能测试技术与设备难以直接用于薄膜材料的测试,所以人们不断提出新的力学测试技术,对薄膜的力学性能进行广泛的研究. 文献[6]介绍了多种测量氧化膜附着力的方法,包括拉伸法、显微压痕法、划痕法、残余应力诱导分层法、激光或冲击波诱导剥落法,双悬臂梁弯曲法和四点弯曲法等,上述方法各有优缺点. 到目前为止,国际上并没有形成一种通用的简易测量方法.

与气相沉积陶瓷涂层相比,氧化膜是由金属表面逐步生长而成的薄膜,梯度方向上的力学性能相比之下更为显著,分析难度就更大. 本文尝试利用有关方法对 H13 钢蒸汽氧化膜进行测试,以对膜/基结合性能,即氧化膜附着力进行分析,希望从力学性能这一角度对不同条件下形成的 H13 钢氧化膜质量进行评估.

1) 显微压痕试验

采用显微压头在氧化膜表面形成一个显微压痕,压痕使表面下方产生一个塑性变形区,变形区内的残余应力提供了横向(周向)和径向裂纹的驱动力,当膜/基界面强度比膜和金属基体都低时,氧化膜就会与基体剥离.

进行显微压痕试验时,所加的载荷必须足够大,这样才能造成膜基界面的剥离. 本文采用维氏显微压头在各金相试块上进行显微压痕测试,采用的载荷依次为 50 g、200 g、500 g 和 1 000 g. 在光学显微镜下观察并拍摄压痕相貌,以评判各种氧化膜的力学性能,给出氧化膜质量的定性结论.

2) 力学探针及纳米硬度试验

力学探针技术和纳米技术硬度技术是基于传统显微硬度测试方法发展起来的材料微区力学性能测试方法,通过材料在压入试验中压头卸载过程中的压入深度的变化,不仅可获得材料的受载硬度、加载硬度,还可得到材料的弹性模量和塑变、蠕变、断裂等多种力学性质和力学行为信息. 由于这类技术可以施加毫牛级甚至纳牛级载荷,因此可实现真正意义上的薄膜力学性能的检测.

图 3.6 是弹塑性变形材料在微载荷压入时获得的压头载荷-压入深度示意图,图中试验曲线由加载曲线和卸载曲线组成. 由加载曲线获得的最大压入深度 H_{max} 和最大加载载荷 P_{max} 可得到被检测材料的加载硬度 HU(即广义硬度):

$$HU = P_{max}/CH_{max} \qquad (3-10)$$

C 为与压头形状有关的常数,对于常见的维氏压头,C 值维 26.43. 显然,加载硬度 HU 不同于传统的以压头卸载后的残余压痕面积确定的材料硬度(即卸载硬度),材料的加载硬度包含了材料弹性变形对硬度值的影响.

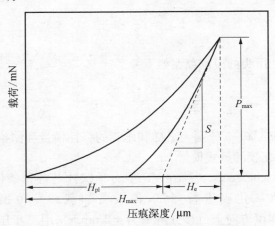

图 3.6 微载荷获得的压头载荷-压入深度示意图

图 3.6 中卸载曲线在最大压入深度处的斜率包含了材料的弹性信息,称为卸载刚度 S:

$$S = \frac{\mathrm{d}P}{\mathrm{d}H}\bigg|\, H = H_{max} \qquad (3-11)$$

由 S 确定的直线可将压头的最大深度处分为塑性变形部分 H_p 和弹性变形部分 H_e,即:

$$H_{max} = H_p + H_e \qquad (3-12)$$

压头卸载后的压痕深度 H_c 也可从曲线上得到,

$$H_c = H_{max} - \varepsilon \frac{P_{max}}{S} \qquad (3-13)$$

对于维氏压头,ε 为 0.72,其压痕面积 $A = 26.43H_c^2$,从而获得传统的卸载硬度:

$$HV = P_{max}/A \qquad (3-14)$$

定义有效模量:

$$E_{eff} = \frac{\sqrt{\pi}}{2} \cdot \frac{S}{\sqrt{A}} \qquad (3-15)$$

E_{eff} 与样品和压头的模量存在如下关系:

$$\frac{1}{E_{eff}} = \frac{1-v^2}{E} + \frac{1-v_i^2}{E_i} \qquad (3-16)$$

其中的 E、E_i、v、v_i 分别为试样和压头的弹性模量和泊松比,由此可获得被测氧化膜的杨式模量 E.

应用 Fischerscope - H100VP 型力学探针对各种条件下生成的 H13 钢蒸汽氧化膜进行测试,该设备加载载荷范围为 0.4 ～ 1 000 mN,深度方向上位移分辨率为 ±2 nm. 采用二步压入法[7],即通过较大载荷压入展示基体变形对氧化膜硬度的影响,进而选择不影响基体变形的小载荷检测氧化膜的力学性能.

与力学探针相比,纳米硬度计具有更高的力分辨率和位移分辨率,从而使得该技术特别适合于薄膜材料力学性能的测量. 采用 SLN6 - 140 型纳米硬度计尝试检测 H13 钢氧化模的力学性能,以比较不同微载荷压入测试设备检测氧化膜的能力特点.

上述显微压痕试验、力学探针及纳米压痕测试所采用的 H13 钢氧化膜试样的蒸汽氧化工艺见表 3.5 所示.

表 3.5 压入试验 H13 钢试样氧化工艺

仪　　　器	编号	氧化温度(℃)	蒸汽压(MPa)	时间(h)
力学探针	Y1	550	0.05	2
	Y2	590	0.05	2
	Y3	550	0.15	2
	Y4	550	0.15	4
	Y5	590	0.15	2
	Y6	590	0.15	4
纳米硬度计	X	550	0.1	2

3) 拉伸试验

最初采用的拉力试验方法是,用环氧树脂将端部氧化的 H13 钢半根圆柱形拉伸试棒与另半根端面粗糙但清洗干净的另半根粘结在一起,然后在进行拉伸试验希望将氧化膜拉下,拉脱氧化膜时的临界载荷可以表征膜的结合力. 但试验并不成功,拉伸时断裂都发生在环氧树脂层,未达到测量要求.

后采用拉伸法,分析了 510℃、550℃、590℃的不同温度下蒸汽氧化不同时间的试片(即 3.2.2.2 小节中在氧化增重试片)表面氧化膜开始剥离时的试片表面相貌,以此比较各氧化膜的附着力.

3.3　H13 钢氧化膜组织分析结果

3.3.1　组织和形貌

　　氧化工艺结束时,不经炉冷而直接将金相试块从蒸汽氧化炉中取出空冷,各试块表面的氧化膜光滑、完整、无破裂现象.氧化膜呈蓝灰色,有一定光泽,随着氧化时间的延长、尤其是氧化温度的提高,氧

化膜逐渐失去光泽,颜色逐步变深.在光镜下可以大致看到,呈蓝色氧化膜表面夹杂着灰色及粉红色的微区,见图 3.7.

　　在电子显微镜下,可比较清晰地观察到 H13 钢氧化膜的表面相貌,氧化膜表面有明显的类似孔洞的微小起伏.从图 3.8 的二次电子形貌相可见,550℃蒸汽氧化

**图 3.7　蒸汽氧化 H13 钢试样表面
光镜形貌 d2/550℃×2 h**

2 h 后,仍可观察上试样表面原先的磨痕,随着氧化时间的延长氧化膜增厚,磨痕逐步消失;表面的微小起伏在氧化 2 h 到 4 h 内明显加深,而 4 h 到 8 h 内加深速度变缓;590℃氧化试样的表面相貌与550℃相似.

　　在 0.1 MPa 的蒸汽压力条件下,550℃、590℃氧化不同时间后 H13 钢表面获得了厚度明显不同的氧化膜,截面金相照片见图 3.9、图 3.10,这些氧化膜厚度均匀,连续完整地分布在 H13 钢基体上.在硝酸酒精溶液腐蚀适当的情况下,可以在光镜下明显观察到氧化膜内的层状分布现象,见图 3.9(d4)、图 3.10(g4/g8),靠近基体的内层颜色较深,而外层颜色较浅.在所有试样的氧化膜内层大致可观察到微小的孔洞,而外层几乎没有这一现象.

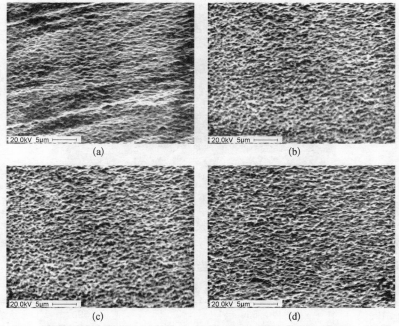

(a) d2/550℃×2 h　(b) g2/590℃×2 h　(c) d4/550℃×4 h　(d) d8/550℃×8 h

图 3.8　蒸汽氧化 H13 钢试样表面 SEM 二次电子像

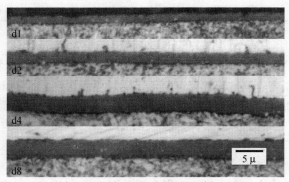

(a) d1-1h　(b) d2-2h　(c) d4-4h　(d) d8-8h

图 3.9　H13 钢 550℃ 蒸汽氧化膜截面组织

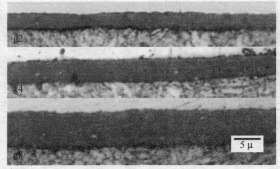

(a) g2-2h   (b) g4-4h   (c) g8-8h

图 3. 10   H13 钢 590℃ 蒸汽氧化膜截面组织

采用内标法测得的不同氧化膜的厚度见表 3. 6,590℃ 下在 H13 钢获得氧化膜厚度明显大于 550℃ 下获得的氧化膜厚度,可见温度对 H13 钢蒸汽氧化动力学的影响相当显著.

表 3. 6   不同 H13 钢蒸汽氧化膜厚度

温度(℃)	550				590			
时间(h)	1	2	4	8	1	2	4	8
编 号	d1	d2	d4	d8	g1	g2	g4	g8
膜厚(μm)	1.5	2.3	3.8	4.0	1.9	3.7	5.0	8.2

蒸汽压力是氧化时的重要参数之一,图 3. 11 分别比较了 0. 15 MPa(V1) 和 0. 05 MPa(V2) 不同蒸汽压力条件下 550℃ 氧化 2 h 后 H13 钢试样表面氧化膜的组织,V1 试样氧化膜厚度约 2. 3 μm,V2 试样氧化膜为 2. 5 μm,但在金相显微镜下观察,前者看起来更为致密.

3.3.2   成分分布

在扫描电镜上,采用配有铍窗的特殊能谱探头对 H13 钢蒸汽氧化膜进行厚度方向线扫描,检测主要元素 Fe、Cr、O、V、Si 等主要元素在膜中的分布. 获得的各元素分布计数曲线上下波动较大,故

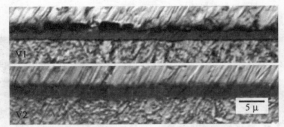

(a) V1–0.15 MPa   (b) V2–0.05 MPa

图 3.11　不同蒸汽压下 550℃氧化 2 h 后氧化膜截面组织

ORIGIN 软件中的相邻平均法进行光滑处理. 550℃、590℃蒸汽分别氧化 2 h、8 h 后的 H13 钢氧化膜的主要元素线扫描结果如图 3.12、图 3.13 所示,膜中各元素分布特点在表 3.7 中进行了比较.

表 3.7　H13 钢氧化膜中主要元素分布特点

	d2	d8	g2	g8
Fe	由表及里逐渐降低,膜基界面迅速升高至基体含量.	由表及里逐渐先降后升,膜中部偏外侧出现低谷.	膜外层缓慢下降,逐步陡降,内层出现小峰.	内外层各有平台出现,外层高于内层.
Cr	由表及里逐步升高,膜内侧出现高于基体含量峰值.	膜中部出现馒头峰,膜外层含量低于内侧.	膜中部偏外快速升高,并出现小平台,到内侧又降低.	膜中部偏内快速升高,内层出现高于基体含量的平台.
O	由表及里快速降低,近膜基体有氧存在并快速下降.	由表及里快速降低,膜内外层有两种斜率.	表层略有升高后快速降低,近膜基体有氧存在并快速下降.	表、中、内各出现平台,之间有两谷值,内侧快速降低.
V	膜内侧有高于基体含量的平台.	膜中部偏外有类似馒头峰.	膜内侧有高于基体含量的平台.	内层两侧高,中部低.
Si	膜中部偏内有峰值.	膜中部偏内有明显的馒头峰.	膜中部偏内有峰值.	膜中部偏内有明显的馒头峰.

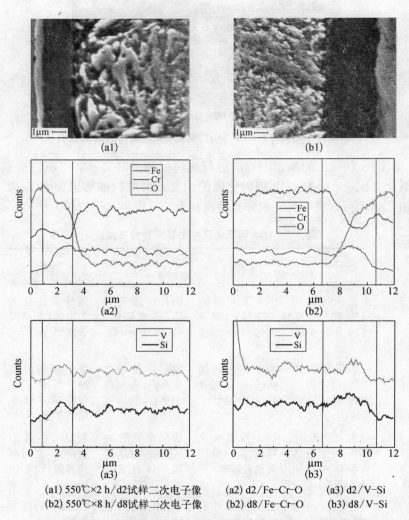

(a1) 550℃×2 h/d2试样二次电子像   (a2) d2/Fe–Cr–O   (a3) d2/V–Si
(b2) 550℃×8 h/d8试样二次电子像   (b2) d8/Fe–Cr–O   (b3) d8/V–Si

图 3.12   H13 钢氧化膜主要元素 EDS 线扫描结果之一

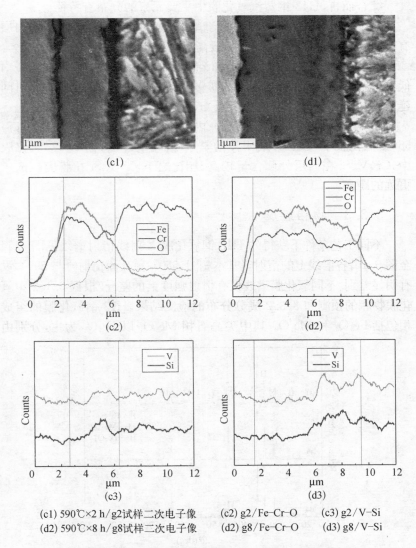

(c1) 590℃×2 h/g2试样二次电子像　　(c2) g2/Fe–Cr–O　　(c3) g2/V–Si
(d2) 590℃×8 h/g8试样二次电子像　　(d2) g8/Fe–Cr–O　　(d3) g8/V–Si

图 3.13　H13 钢氧化膜主要元素 EDS 线扫描结果之二

综合而言,H13 钢蒸汽氧化膜中主要元素的分布有特征:

1)膜中 Fe 元素含量明显低于基体,除 550℃×8 h/d8 试样内层有较高的含量外,膜外层含量一般高于内层.

2)膜内外层中 O 含量(分布)有明显差异,膜中 O 含量外高内低,这与氧化过程中 O 由外向内扩散的过程是一致的. 随着氧化时间延长,尤其是温度升高,膜内 O 分布趋于平缓.

3)合金 Cr、V、Si 主要分布在内层,相对 Fe 含量较低的部位;但 550℃氧化膜中,Cr、Si,最明显的是 V 进入了外层;而 590℃氧化膜中,Cr、V、Si 在内层外侧含量较高;相比之下,V 比 Si 在膜内扩散了更远的距离.

3.3.3 物相组成

不同工艺条件下获得的 H13 钢氧化膜 X 射线衍射谱线见图 3.14 至图 3.16,各谱线上的衍射峰基本相图,550℃氧化膜衍射峰与 590℃没有明显差别. 不同氧化膜谱线仅有衍射强度上的差异. 根据 3.1.2 中氧化膜物相的预测和 3.3.2 成分分布的检测结果,H13 钢氧化膜的组成相包括 Fe_2O_3 和 Me_3O_4,其中尖晶石相 Me_3O_4 以 Fe_3O_4 为主,分别由

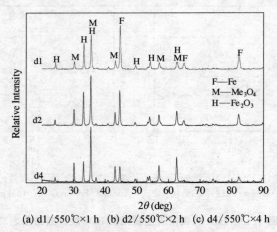

(a) d1/550℃×1 h (b) d2/550℃×2 h (c) d4/550℃×4 h

图 3.14 550℃蒸汽氧化 H13 氧化膜 X 射线衍射谱

Cr、V、Si 置换 Fe_3O_4 而形成的 $FeCr_2O_4$ 和少量的 FeV_2O_4、Fe_2SiO_4 相混合其中,这些相的晶体结构与 Fe_3O_4 相同,晶格常数非常接近,所以三者的衍射峰重叠. 而 590℃氧化膜中没有出现预计的主要相 FeO,可能由于量太少而没有被检测到,或者事实上就没有出现.

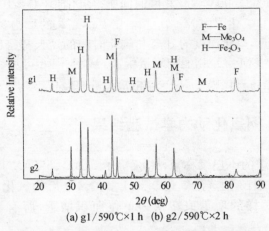

(a) g1 / 590℃×1 h (b) g2 / 590℃×2 h

图3. 15 590℃蒸汽氧化 H13 氧化膜 X 射线衍射谱

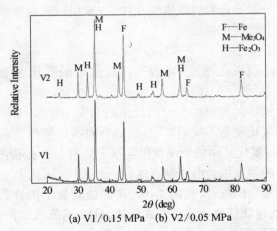

(a) V1 / 0.15 MPa (b) V2 / 0.05 MPa

图 3. 16 550℃蒸汽氧化 H13 氧化膜 X 射线衍射谱

随着氧化时间的延长,氧化膜厚度增加,衍射峰出现如下一些变化:基体相 α – Fe 的衍射峰逐步减弱,氧化物衍射峰逐步加强;Me_3O_4 衍射峰逐步增强,而 Fe_2O_3 衍射峰并没有随氧化膜的增厚而强度提高,反而有下降趋势.

比较 550℃、590℃氧化相同时间所得氧化膜(d1/g1 或 d2/g2)的衍射峰,590℃氧化膜中 Me_3O_4 相对于 Fe_2O_3 相的量比 550℃要高.

由此可见,氧化温度的升高和氧化时间的延长都将促进 H13 钢蒸汽氧化膜中 Me_3O_4 相的相对量提高.从图 3.16 可见,蒸汽压力的提高,也将提高氧化膜中 Me_3O_4 相相对量的提高.

3.4 H13 钢氧化动力学试验结果

采用改进的不连续称重法,获得了 510℃、550℃、590℃、610℃等各温度下 H13 钢蒸汽氧化 0.5、1、2、3、4 h 后的氧化膜不连续增重值,将各试样的增重值转换为单位面积增重,所有上述数据见表 3.8.

分别绘制出不同温度下三个试样的氧化增重图,由于钢铁材料氧化动力学一般符合抛物线生长规律,故采用描述抛物线方程(见式 3–17)进行非线性拟合.

$$(\Delta w)^2 = kt \qquad (3-17)$$

Δw 为单位面积氧化增重,k 为一定温度下的氧化常数,t 为氧化时间.

各氧化试样的抛物线拟合曲线见图 3.17,除 610℃3♯试样由于氧化膜脱落氧化增重不规则外,其余拟合曲线的复相关系数 R^2 都在 0.92 以上,各氧化试样抛物线氧化常数 k 见表 3.9.分析图 3.17 可见不同温度下的增重拟合曲线都有这样一个规律,氧化 1 h、2 h 的实测值普遍高于拟合曲线,而氧化 4 h 的实测值则低于拟合曲线.由此可见,与经典的抛物线氧化增重方式相比,H13 钢蒸汽氧化初期的氧化速度较大,而后期的速度较慢.

表 3.8 不同温度下 H13 钢蒸汽氧化数据

工艺	时间 (h)	试样 1 质量 w(mg)	试样 1 增重 (mg)	试样 1 单位面积增重 10^{-4} g/cm²	试样 2 质量 w(mg)	试样 2 增重 (mg)	试样 2 单位面积增重 10^{-4} g/cm²	试样 3 质量 w(mg)	试样 3 增重 (mg)	试样 3 单位面积增重 10^{-4} g/cm²
510℃ 0.1 MPa	0	659.59	/	/	671.68	/	/	682.50	/	/
	0.5	660.22	0.63	0.80	672.53	0.85	1.08	683.05	0.55	0.70
	1	660.90	1.31	1.67	672.99	1.31	1.67	683.61	1.11	1.41
	2	661.13	1.54	1.96	673.37	1.69	2.15	683.88	1.38	1.76
	3	661.42	1.83	2.33	673.52	1.84	2.34	684.10	1.60	2.04
	4	661.62	2.03	2.58	673.72	2.04	2.60	684.33	1.83	2.33
550℃ 0.1 MPa	0	706.23	/	/	746.50	/	/	721.95	/	/
	0.5	707.93	1.70	2.16	747.62	1.12	1.43	723.05	1.10	1.40
	1	708.82	2.59	3.30	748.51	2.01	2.56	723.88	1.93	2.46
	2	709.46	3.23	4.11	749.20	2.70	3.44	724.55	2.60	3.31
	3	709.90	3.67	4.67	749.59	3.09	3.93	724.95	3.00	3.82
	4	710.02	3.79	4.82	749.76	3.26	4.15	725.10	3.15	4.01

续表

工艺	时间(h)	试样 1			试样 2			试样 3		
		质量 w(mg)	增重(mg)	单位面积增重 10^{-4} g/cm²	质量 w(mg)	增重(mg)	单位面积增重 10^{-4} g/cm²	质量 w(mg)	增重(mg)	单位面积增重 10^{-4} g/cm²
590℃ 0.1MPa	0	672.10	/	/	692.10	/	/	658.05	/	/
	0.5	674.04	1.94	2.47	693.93	1.83	2.33	660.37	2.32	2.95
	1	674.81	2.71	3.45	694.49	2.39	3.04	661.23	3.18	4.05
	2	675.97	3.87	4.92	695.89	3.79	4.82	662.22	4.17	5.31
	3	676.55	4.45	5.66	696.41	4.31	5.48	662.88	4.83	6.15
	4	677.17	5.07	6.45	697.03	4.93	6.27	663.50	5.45	6.93
610℃ 0.1MPa	0	629.50	/	/	651.42	/	/	675.90	/	/
	0.5	632.22	2.72	3.46	653.78	2.36	3.00	678.18	2.28	2.90
	1	633.41	3.91	4.98	655.11	3.69	4.70	679.37	3.47	4.42
	2	634.12	4.62	5.88	656.25	4.83	6.15	679.32	3.42	4.35
	3	634.78	5.28	6.72	657.18	5.76	7.33	679.94	4.04	5.14
	4	635.56	6.06	7.71	657.92	6.50	8.27	680.96	5.06	6.44

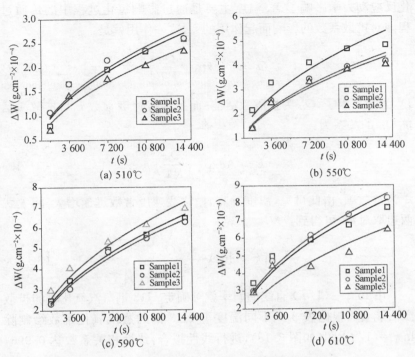

图 3.17　不同温度下 H13 钢蒸汽氧化增重曲线

表 3.9　不同温度下的 H13 钢蒸汽氧化常数 $k(g^2 \cdot cm^{-4} \cdot s^{-1})$

	试样 1	试样 2	试样 3
510℃	0.022 6	0.023 4	0.020 0
550℃	0.045 0	0.037 4	0.036 1
590℃	0.055 4	0.053 3	0.060 6
610℃	0.067 9	0.071 0	/

　　从图 3.1 中可见,绝大多数氧化物随温度升高,氧化热力学驱动力减小.而事实上氧化反应将随着温度升高显著增大,可见温度对氧

化反应动力学影响显著. 温度主要是通过影响氧化过程中的传质过程即对扩散系数的影响而起作用的[2], 这一作用就是:

$$D = D^0 \exp\left(-\frac{Q_D}{RT}\right) \qquad (3-18)$$

D^0 为频率因子, Q_D 为扩散激活能. 而抛物线速度常数 k 与扩散激活能 Q_D 的关系为:

$$k = A \exp\left(-\frac{Q_D}{RT}\right) \qquad (3-19)$$

A 为常数项. 由此可见, 温度升高, 抛物线速度常数迅速增大. 将上式两边取对数, 可得到:

$$\ln k = \ln A - \frac{Q_D}{2.303T} \qquad (3-20)$$

由 $\ln k - (1/T)$ 直线的斜率就可确定 H13 钢蒸汽氧化时的扩散激活能 Q_D. 根据表 3.8 不同温度下 H13 钢的蒸汽氧化常数绘制除 $\ln k - (1/T)$ 图(如图 3.18), 进行线性拟合, 线性相关系数达 0.996,

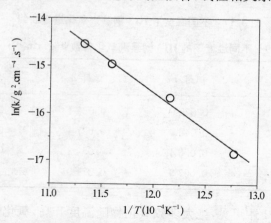

图 3.18　H13 钢蒸汽氧化 $\ln k$ 与 $(1/T)$ 的关系

并得到 H13 钢的蒸汽氧化时的扩散激活能 Q_D 为 35 945 J. 该激活能接近于纯铁在空气中的氧化激活能 33 000 J[2].

3.5 H13 钢氧化膜的力学性能分析结果

3.5.1 显微压痕试验

在显微硬度计上依次选取 50 g、200 g、500 g、1 000 g 的载荷对 Y1~Y6 各 H13 钢氧化试样进行显微压痕试验,加载时间为 10 s. 50 g 和 200 g 载荷下均未观察到氧化膜破裂迹象. 这是由于加载载荷太小,未能使氧化膜发生足够大的变形而与基体发生脱离. 500 g 载荷下,Y1、Y2、Y4 和 Y6 氧化膜都不同程度地出现了破裂,而 Y3 和 Y5 上未观察到氧化膜开裂现象,在 1 000 g 载荷下,各试样氧化膜出现开裂. 图 3.19 显示了 Y3 和 Y5 氧化膜 500 g、1 000 g 载荷下的压痕形貌,在 500 g 载荷下这两个试样的压痕周围的氧化膜仍保持完整,而 1 000 g 载荷下氧化膜都出现了破裂.

(a) Y3 (550℃/2 h/0.15 MPa)　　(b) Y5 (590℃/2 h/0.15 MPa)

图 3.19　500 g、1 000 g 时试样压痕形貌

为了更清楚地分析各试样氧化膜受损情况,通过微调显微镜焦距,着重观察了各试样在 1 000 g 载荷下的压痕形貌和氧化膜剥离破裂程度,图 3.20 显示了各试样 1 000 g 载荷下氧化膜破损形貌.

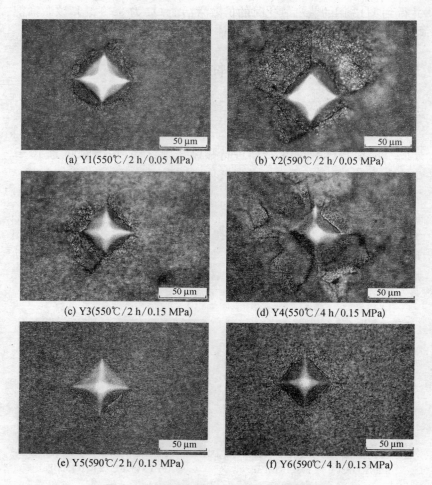

(a) Y1(550℃/2 h/0.05 MPa)　　(b) Y2(590℃/2 h/0.05 MPa)

(c) Y3(550℃/2 h/0.15 MPa)　　(d) Y4(550℃/4 h/0.15 MPa)

(e) Y5(590℃/2 h/0.15 MPa)　　(f) Y6(590℃/4 h/0.15 MPa)

图 3.20　1 000 g 时各试样氧化膜破损形貌

　　Y1 氧化膜破裂比较严重,维氏压痕的四条边周围产生了横向
(环状)裂纹,一条边的裂纹很深,穿透薄膜. 裂纹以压痕中心为圆
心,向四周有扩展,使得氧化膜翘起,图中可以看到氧化膜虚脱的
情形,沿压痕边缘呈瓣状. 纵向裂纹不明显,显示了氧化膜一定的

韧性.

Y2 试样氧化膜的破裂严重,沿维氏压痕的四条边都有很深的裂纹,径向裂纹鲜明,呈放射状扩展. 氧化膜翘起的范围沿压痕的四条边呈梯形状,氧化膜与基体剥离的面积扩散到相当大的一个范围,显示出氧化膜较大的脆性.

Y3 试样的氧化膜在紧靠压痕的两条边上横向裂纹很深,在压痕的两角外侧可看到明显的纵向裂纹,氧化膜已明显受损.

Y4 试样是这 6 个试样中氧化膜破裂最为严重的. 不仅在压痕周围出现很深的裂纹,在照片所能拍摄到的范围内,氧化膜的破裂不规则方式地向四周蔓延,裂纹导致的氧化膜剥落区域已扩展到距离压痕一定远处,表明氧化膜与基体的结合很差,氧化膜本身的强韧性有较差,Y4 试样氧化膜的破裂与脆性薄膜材料的裂纹发展情形较为相似.

Y5 试样表面在紧靠压痕处的两条边上产生细微的横向裂纹,一条边上有氧化膜脱离基体的现象,但看不到纵向裂纹发展. Y5 是这 6 个试样中氧化膜破损情况最轻的.

Y6 试样沿压痕四条边都有横向裂纹,裂纹比 Y5 要粗一些,沿四条边都有氧化膜一定的翘起剥离迹象,但程度较轻.

为了解氧化膜破损情况与氧化工艺、组织之间的关系,根据压痕上氧化膜破裂的边数,氧化膜翘起的面积以及氧化膜断裂裂纹的粗细,将这 6 个试样的氧化膜质量用六个等级来评定,从优至劣用 A~F 表示,Y1~Y6 破损严重程度依次为 C、E、D、F、A、B. 分析这些氧化膜的截面组织(见图 3.21)可见,氧化膜组织的质量是决定显微压入时氧化膜破裂程度的最主要因素. 这些氧化膜中,Y5、Y6 质量比较好;Y1、Y3 质量尚可,但有膜内有明显微孔;Y2、Y4 氧化膜中部存在大量微孔,并造成氧化膜的分层,Y2 的分层现象尤其明显. 通过表 3.10 可以比较温度、保温时间、蒸汽压力各工艺参数对氧化膜破裂程度的影响. 由此可分析氧化工艺、组织、氧化膜破裂形貌之间的关系.

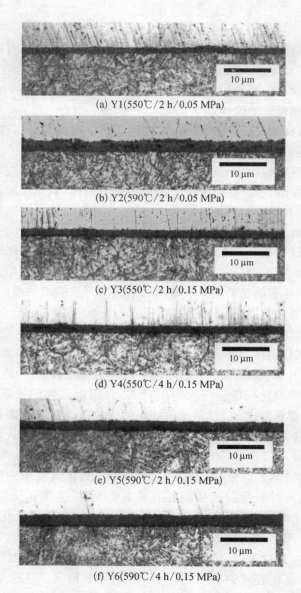

(a) Y1(550℃/2 h/0.05 MPa)

(b) Y2(590℃/2 h/0.05 MPa)

(c) Y3(550℃/2 h/0.15 MPa)

(d) Y4(550℃/4 h/0.15 MPa)

(e) Y5(590℃/2 h/0.15 MPa)

(f) Y6(590℃/4 h/0.15 MPa)

图 3. 21　Y1～Y6 各试样氧化膜形貌

表 3.10　工艺参数对氧化膜破裂程度的影响

组　合	不同参数	不同参数值	氧化膜等级*
Y1/Y2	温度(℃)	550/590	C/E
Y3/Y5		550/590	D/A
Y4/Y6		550/590	F/B
Y3/Y4	保温时间(h)	2/4	C/E
Y5/Y6		2/4	A/B
Y1/Y3	压力(MPa)	0.05/0.15	C/D
Y2/Y5		0.05/0.15	E/A

*优 A——F 劣

从表 3.10 中可以得出比较明确的结论是,氧化时间的延长更容易导致氧化膜的破裂,即降低了氧化膜膜/基界面的结合力.这与薄膜材料越厚,膜内应力越大,膜基界面结合力降低的传统理论是一致的.但是厚度对氧化膜破裂程度的影响是双重的,随着氧化时间的延长,氧化膜厚度增加,显微压入试验时使氧化膜破裂的临界载荷也增加,从这一角度而言,在相同的加载条件下,厚膜不容易破裂.可见 H13 钢氧化时,时间延长造成的膜/基结合力的下降是显著的.

蒸汽压的变化对氧化膜破裂的影响比较复杂,比较 Y1、Y2、Y3、Y5 的试验结果,可见蒸汽压力的提高有利于改善氧化膜组织和抗破损能力,590℃时蒸汽压力对氧化膜组织和性能的影响比 550℃时更显著.

工艺温度的提高一般有利于薄膜/基体界面的结合力提高.从图 3.19 氧化膜破裂形貌来看,590℃氧化试样 Y5、Y6 的抗破损性能显著优于 550℃氧化试样 Y3、Y4.从 550℃提高 590℃,氧化膜的组成相发生了变化,最显著的是 Me_3O_4 相无论是相对量还是绝对量都有所提高,Me_3O_4 相中更多地溶入了 Cr、V 等合金元素,这可能是提高氧化膜附着力的原因;厚度对显微压入时氧化膜抗破损性能的影响是双重的;但显微压痕试验采用的 550℃ 氧化试样 Y3、Y4 中的微孔显著多于 590℃ 氧化试样(图 3.20),再观察图 3.8、图 3.9 在这两温度下的氧化组织,可见本试验中 Y3、Y4 中微孔偏多,这才是降低其抗破损性能的主要原因. 而微孔偏多,则主要与试样表面在氧化试验前受到污染有关. 总而言之,温度对氧化膜组织和抗破损性能的影响并没有本试验中的所显示的那样大.

3.5.2 力学探针与纳米硬度试验

3.5.2.1 力学探针试验

在力学探针上采用二步法检测,首先选用 200 mN 的大载荷压入,这一载荷对于一般显微硬度测量而言是小载荷,此时各试样氧化膜均不会发生破裂.

每一试样至少检测五个点,根据压入深度的平均值获得加卸载曲线,图 3.22 为 Y1、Y4、Y6 氧化膜试样在最大载荷为 200 mN 时的加卸载曲线,可见各试样的加卸载曲线光滑连续,与图 3.6 完全一致. 从该曲线可以获得多方面力学性能信息,包括加载硬度、卸载硬度、弹性模量、弹性等(见表 3.11),但由于氧化膜是一层薄膜,在压痕压入时,加卸载曲线不仅反应了氧化膜的力学性能,其中也包括了基体 H13 钢力学性能信息. 二次压入意在排除基体的信息干扰,但根据加卸载曲线难以确定二次压入载荷的大小.

表 3.11 200 mN 大载荷下不同试样的表面力学性能

序号/工艺号	载荷 (mN)	HU (MPa)	HV (Vickers)	E (GPa)	$We/Wtot$ (%)	$Hmax$ (μm)
Y1		3 814.75	443.17	169.93	24.83	1.31
Y4	200	4 170.85	502.87	175.29	27.15	1.25
Y6		4 942.36	617.01	187.71	28.43	1.15

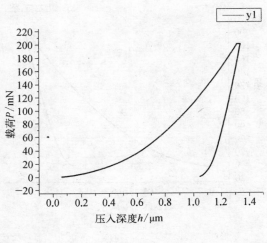

(a1) Y1

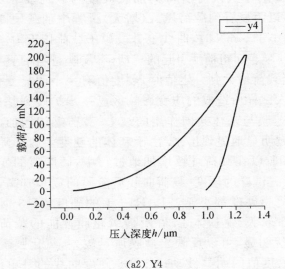

(a2) Y4

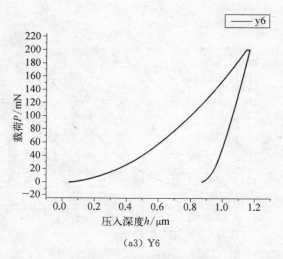

（a3）Y6

图 3.22　各试样加卸载曲线

　　而从各试样压入时所得的加载硬度与载荷变化关系图（图 3.23）中可以明显看到载荷压入（增大）过程中加载硬度的阶段变化. 当载荷小于 5 mN 时，曲线上升段源于载荷接近力学探针最小载荷以及薄膜表面粗糙度引起的扰动，不反映材料的真实性能. 继续加载，当载荷增大到一定值时，硬度值有一个明显变化，说明此时压头压入试样所造成的应变影响区已逐步扩展到基体，得到的硬度值是薄膜与基体共同作用的结果. 载荷继续增加，基体的硬度就越来越明显地显现出来. 由于基体的硬度一般不随深度的改变而改变. 所以在载荷继续增加地过程中，硬度值的变化应该趋于稳定. 从三试样的硬度-载荷曲线后阶段的逐步升高趋势可见，实测的氧化膜硬度都小于基体 H13 钢的硬度，H13 钢表面氧化膜更接近于软膜/硬基体系. 在反应氧化膜性能的载荷区，Y4 硬度曲线起伏明显，可以反映出薄膜质量较差，氧化膜疏松和膜内气孔造成硬度值的明显波动；Y1、Y6 硬度曲线的呈单调变化，说明氧化膜内外有明显的硬度差异. 根据硬度-载荷曲线上趋于稳

定的点所对应的载荷值选择第二步加载载荷,Y1、Y4、Y6 分别为
20 mN,15 mN和 50 mN.

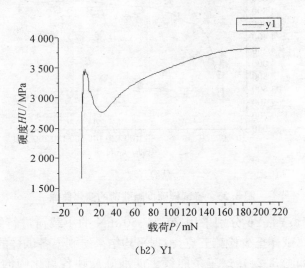

(b2) Y1

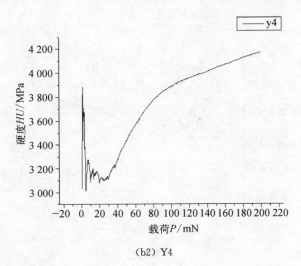

(b2) Y4

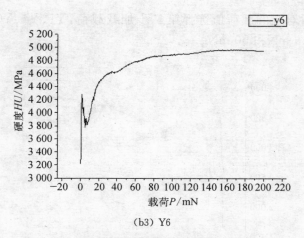

(b3) Y6

图 3.23　各试样硬度随载荷的变化曲线

对 Y1、Y4、Y6 分别采用 20、15、50 mN 的小载荷进行第二步加载,同样每试样至少检测五点,根据平均结果绘制出各试样的硬度-深度曲线(如图 3.24). 这三条曲线更能准确反映各氧化膜的性能,Y1

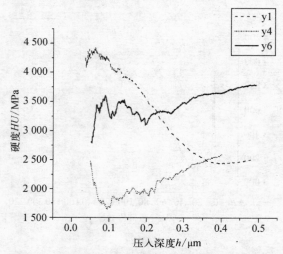

图 3.24　小载荷下各试样表面硬度-深度的变化曲线

试样在压入 $0.1 \sim 0.4 \ \mu m$ 深度内硬度呈单调下降,这和大载荷该段结果一致,显示了氧化膜外层具有更高的硬度,Y1 表层硬度高达 4 500 HU;Y4 试样在大小两种载荷条件下,硬度值都很不稳定,大载荷压入时硬度起伏大,小载荷下稳定的硬度值出现在 1 900 HU 左右,当深度超过 $0.22 \ \mu m$ 后硬度明显呈上升趋势;只有 Y6 可观察到较为正常的氧化膜硬度值,加载硬度约在 3 400 HU,当深度达到 $0.3 \ \mu m$ 时,由于基体的影响硬度开始上升.

表 3.12 所示为小载荷下 Y1、Y4、Y6 各试样表面力学性能,与表 3.11 大载荷下测得的氧化膜的力学性质相比,大载荷受到基体的影响硬度和弹性模量值偏高,而小载荷更能反应氧化膜的真实性能,但通过对各试样实际硬度-深度曲线的分析,小载荷下获得的力学性能数据中仍有基体的影响,由图 3.24 可见实际 Y1 氧化膜硬度大于 Y4,而表中所压入硬度仅仅是根据载荷和深度的关系计算获得的.

表 3.12　小载荷下不同试样表面的力学性能

序号/工艺号	载荷 (mN)	HU (MPa)	HV (Vickers)	E (GPa)	$We/Wtot$ (%)	$Hmax$ (μm)
Y1	20	2 506.53	281.48	122.31	18.74	0.48
Y4	15	2 607.71	302.14	107.85	28.47	0.40
Y6	50	3 841.99	478.98	141.36	28.60	0.63

采用力学探针测得的氧化膜硬度、弹性模量等力学性能与膜的相组成、厚度和致密度有很大关系.相组成是决定氧化膜硬度的本质因素;一定的厚度是测量氧化膜性能所必需的,厚度越大,力学性能受基体影响越小,厚度太薄只能采用小载荷而影响测试精度;但是硬度、弹性模量等是根据载荷-深度关系计算的,当压头碰到微孔时,必将造成深度值的偏大,在载荷-压入深度曲线上可观察到这一现象.微孔通常是蒸汽氧化膜中难以避免的组织现象,受试样表面状态、试验条件等诸多因素影响.所以同 3.5.1 小节中的显微压痕试验结果一

样,图 3.21 所显示的各试样硬度变化曲线与氧化膜中的微孔缺陷关系很大,Y4 氧化膜的低硬度是由于膜中含有较多的微孔所致.

　　硬度是评价薄膜的主要力学性能指标,然而对于仅为几个微米量级厚度的 H13 钢氧化膜,采用常用的显微硬度检测方法难以获得薄膜的真实硬度,原因在于基体变形的影响.为消除基体变形的干扰,有人提出硬度试验的压痕深度应小于薄膜厚度的 1/5,获得的薄膜硬度才是真实硬度.但也有人提出此值应小于 1/10,1/15 甚至 1/20,至今尚无定论[8].从上述二步压入法分析结果来看,检测 H13 钢氧化膜性能压入深度不能超过氧化膜厚度的 1/10.

3.5.2.2　纳米硬度试验

　　试样表面粗糙度和力学探针精度将造成加载初期的扰动,为减小这方面的影响,采用载荷精度更高的 SLN6-140 型纳米硬度计进行力学性能的检测,试样表面也由原来磨至 02♯ 金相砂纸改为进一步采用 W3 抛光膏抛光,以提高检测精度.待检测 H13 钢试样 X 在 0.1 MPa 蒸汽压下、550℃氧化了 2 h,其表面氧化膜组织比较致密(见图 3.25),厚度约 2.8 μm.

图 3.25　试样 X 表面氧化膜形貌

　　对试样 X 表面氧化膜分别采用 1 mN、2 mN、10 mN 三种载荷进行检测,相应加载速率依次为: 2.0 mN/min、4.0 mN/min、20.0 mN/min.获得具有代表性的加卸载曲线(载荷-深度曲线)如图 3.24 所示,相应的力学性能见表 3.13.在图 3.26 所示的四条曲线中,图 3.26 b 中的加载曲线与其它曲线相比明显凹凸不平滑,这是由于载荷不变的情况下,压头压入深度骤增造成的,其原因是压头遇到了氧化膜内存在的微孔,造成在同样 1 mN 的载荷下最后的压入深度为 105.46 nm,明显大于 a 点 91.57 nm 的最大深度,所以测得 352 HV 的硬度值偏小.

表 3. 13   H13 氧化试样(550℃/2 h/0. 1 MPa)表面力学性能

点　号	最大载荷 P(mN)	最大压入深度 $h$max(nm)	硬度 HV(Vickers)	弹性模量 E(GPa)
a	1	91. 57	446. 01	140. 47
b	1	105. 46	352. 64	100. 96
c	2	126. 57	525. 07	132. 43
d	10	287. 32	585. 11	162. 18

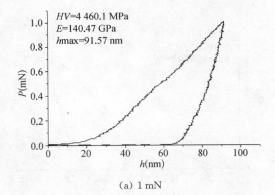

(a) 1 mN

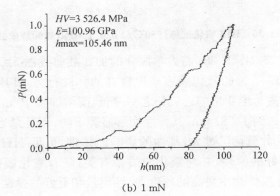

(b) 1 mN

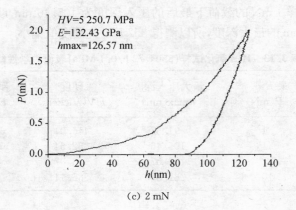

(c) 2 mN

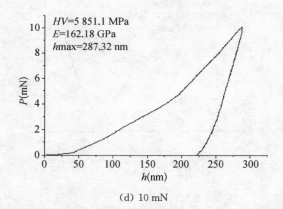

(d) 10 mN

图 3.26　H13 氧化试样(550℃/2 h/0.1 MPa)加卸载曲线

　　将图 3.26a、图 3.26c 与力学探针的加卸载曲线图 3.22 作比较，微小载荷下试样 X 的氧化膜表现出良好的弹性行为，其压入过程中的弹性变形占总形变量的近三分之一. 当载荷增加到 10 mN 时,其压入最大深度达到了 287 nm,其弹性变形显著下降,不足总形变量的四分之一,可见此载荷已过大,基体的影响已体现. 可见 H13 钢蒸汽氧化膜具有良好的弹性,并与氧化膜质量有关,随着氧化膜微孔减少、致密度,氧化膜体现出更高的硬度、弹性模量和更好的弹性.

表 3.14 为 550℃ H13 蒸汽氧化试样 X 在 2 mN、4 mN 和 8 mN 等不同载荷下的表面力学性能,可见小载荷下测得的 H13 钢氧化膜硬度波动较大,8 mN 是比较适当载荷,数据相对比较稳定,也接近于所有表 3.12 中所列检测点的算术平均值,所以大致可确定该 H13 钢氧化膜的硬度约为 525 HV,弹性模量约为 140 GPa.

表 3.14 H13 氧化试样(550℃/2 h/0.1 MPa)
不同载荷下的表面力学性能

最大载荷 P(mN)	最大压入深度 $h$max(nm)	硬度 HV(vickers)	弹性模量 E(GPa)
2	123.44	587.07	117.68
2	120.28	600.77	132.94
2	108.22	722.01	161.74
2	118.86	601.11	144.27
2	146.21	366.05	163.53
2	109.30	714.24	159.18
4	158.64	681.12	209.19
4	228.63	343.34	108.16
4	287.95	219.30	77.872
4	230.91	336.70	107.46
4	149.96	848.45	162.24
4	253.76	288.03	83.882
4	197.74	459.11	132.82
4	170.09	617.87	160.45
8	257.55	564.91	166.20
8	254.47	557.08	200.60
8	324.89	352.49	119.82
8	273.74	513.73	137.42
8	255.90	593.06	148.03
8	267.55	530.08	148.93
8	270.86	531.37	133.45
8	255.56	585.82	154.37

8 mN 下压痕的最大压入深度基本在 260～280 nm 之间,该氧化膜的硬度约 2 800 nm,所以对于 H13 钢氧化膜体系,采用 1/10 法则检测氧化膜性能是适当的. 过大的载荷将由于基体性能的影响而造成检测信息的失真,过小的载荷则由于氧化膜的表面粗糙度和检测精度的限制而是检测结果的误差较大.

3.5.3 拉伸试验

拉伸试验是基于各 H13 钢蒸汽氧化试片具有相同强度和塑性变形能力的前提条件下进行的定性对比试验. 由于这些 H13 钢试片在氧化前都进行过 600℃的两次高温回火,所以该试验具有一定的可行性. 随着拉伸的进行,附着在 H13 钢基体上的氧化膜将随着基体的拉伸而变形,当氧化膜随基体协调变形至极限时将从基体上剥落,本试验根据各试样氧化膜剥落的先后和剥落的形态判断氧化膜/基体的结合力.

H13 钢试片分别在 510℃、550℃、590℃不同温度、0.1 MPa 的蒸汽压力下氧化 0.5 至 4 h. 拉伸后的各 H13 钢氧化膜的表面形貌见图 3.27,比较其中的图(a1)、(a2),(b1)、(b2)及图(c1)、(c2),其中图(b1)即 550℃蒸汽氧化 1h 试样拉伸过程中氧化膜的脱落情况与众不同,在拉伸试样发生局部颈缩断裂前试样上未发生氧化膜脱落现象;而其它试样氧化膜的剥离均发生在颈缩前,这些试样氧化膜剥离过程基本相似,氧化膜在拉伸过程中都保持完好,直至最后从剥离出现到大片剥落在瞬间内发生. 所以试验过程中,当观察到氧化膜有剥落时迅速卸载,然后观察氧化膜的剥落形态. 相比之下,590℃试样氧化膜的剥落片的宽度较 510℃要大一些,这些剥落片垂直于试样所受的拉应力方向. 而 550℃时,起始剥落片较少或者剥落发生在试样颈缩之后,所以该温度下获得的氧化膜具有较好的膜/基结合力.

再观察图 3.27 中 b 系列 550℃氧化不同时间后的氧化膜剥落形貌,可见 550℃氧化 1 h 以内的氧化膜的破裂出现在试样颈缩断裂后,随着氧化时间的延长,剥落起始时氧化膜剥落程度逐步严重. 图 3.27

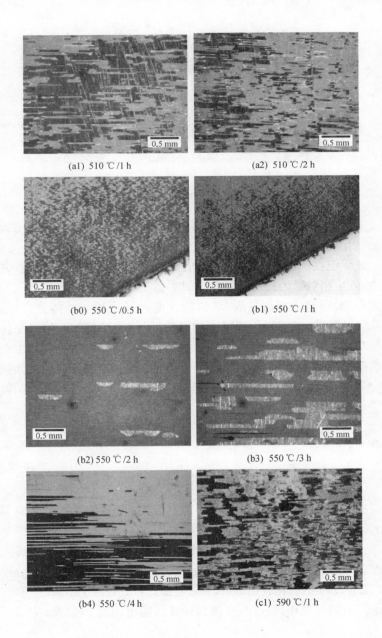

(a1) 510 ℃ /1 h

(a2) 510 ℃ /2 h

(b0) 550 ℃ /0.5 h

(b1) 550 ℃ /1 h

(b2) 550 ℃ /2 h

(b3) 550 ℃ /3 h

(b4) 550 ℃ /4 h

(c1) 590 ℃ /1 h

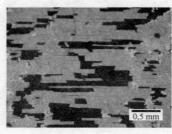 

(c2) 590 ℃/2 h   (c3) 590 ℃/3 h

图 3.27   H13 钢蒸汽氧化膜拉伸后破损形貌

中 c 系列 590℃氧化膜随时间剥落形态的变化同样体现了这一特点.可见氧化时间的延长对膜/基结合力是不利的.

氧化温度的提高和氧化时间的延长都将增加氧化膜厚度,并促进 Me_3O_4 相对量的提高.拉伸试验时,膜/基界面受到逐渐增大的剪应力作用,当剪应力超过膜/基结合强度时氧化膜与基体分离,造成氧化膜的剥落.随着氧化膜厚度的提高,氧化膜厚度效应使其整体强度提高而不易随基体变形,相同延伸条件下,厚氧化膜内将产生更大的内应力而容易破裂;而氧化温度提高将加强膜/基界面扩散而提高结合强度,所以尽管 550℃氧化膜厚度大于 510℃氧化膜厚度,前者体现了更好的膜/基结合力.

3.6   讨论

3.6.1   H13 钢蒸汽氧化膜相组成

根据 Thermal-Calc 软件的计算,570℃是 H13 钢氧化出现 FeO 相的临界温度,当氧化温度超过该临界温度后,H13 钢中将出现 FeO 相,低温氧化物相 Fe_2O_3 将消失,而且 500~600℃温度范围内形成的 H13 钢氧化膜物相中 Fe_3O_4 相要占 80%左右. X 射线相分析结果表明,实际 H13 钢氧化膜组成并非完全如此,Fe_2O_3 仍是 590℃形成的氧化膜中的组成相,而没有检测到计算预期出现的 FeO 相;尖晶石相

Me_3O_4 含量也没有预期的那么高. 由此可见, 根据物相平衡原理计算获得的一定温度下 H13 钢氧化膜的相组成与实际情况是有差别的, 热力学上稳定出现的物相, 如果动力学条件不满足就不会出现, 而可能以其它亚稳相的形式出现, 实际的氧化条件将决定氧化膜中出现的各相、分布及其含量.

H13 钢蒸汽氧化膜内层的反尖晶石型 Fe_3O_4 相中含有 Cr、Si、V 等合金元素, 这些元素以 $FeCr_2O_4$、FeV_2O_4 或 Fe_2SiO_4 等新相的形式混合出现在 Me_3O_4 相中, $FeCr_2O_4$、FeV_2O_4 和 Fe_2SiO_4 相都为尖晶石型结构, 这些相与 Fe_3O_4 的晶格常数相近, X 射线衍射峰就会重合在 Fe_3O_4 相衍射峰中. 而其余计算中可能出现的石英、蔷薇辉石、锰橄榄石、VO_2 等微量相则难以检测到.

X 射线衍射分析并不能确定少量的 FeO 是否存在于 590℃ H13 钢氧化膜中. FeO 如出现在 H13 钢氧化膜中, 由于其位于氧化膜的最内层, 将对氧化膜的各种性能产生重要影响, 尤其是氧化膜与基体的结合力. 如果 600℃ 温度以下不出现 FeO 相, H13 钢在 500～600℃ 温度范围内的氧化组成相相同, 这将大大提高了 H13 钢蒸汽氧化的工艺性. 所以, 590℃ 氧化膜中是否出现 FeO 相是 H13 钢氧化膜相分析中的重要问题.

与 H13 钢相比, 纯铁的氧化行为也已比较明确. 文献[9]总结了纯铁的氧化特性, 700℃ 以上, 铁的氧化符合抛物线增长规律, 表面为典型的氧化膜组成: 最外层为极薄的 Fe_2O_3, 中间为 Fe_3O_4 薄层, 内层为 FeO, 700～1 250℃ 温度范围内, 这三层氧化膜之比基本为常数 1 : 4 : 95. 氧化膜主要由 FeO 组成, 这是由于 Fe 在 FeO 中的扩散系数远大于在 Fe_3O_4 中的扩散系数, 而氧和铁在 Fe_2O_3 中的扩散系数极小. 650℃ 以下至 580℃, Fe_2O_3 和 Fe_3O_4 的厚度增加, 但 FeO 仍占主导. 570℃ 以下, FeO 不稳定, 氧化膜由较厚的 Fe_3O_4(80% 以上)和 Fe_2O_3 组成.

由于合金元素和杂质元素的影响, 钢在氧化动力学和氧化膜结构等方面与经典的纯铁氧化有很大差别. 合金元素含量越高, 通常造成的差别越大.

文献[9]研究了成分为 0.055 C – 0.23 Mn – 0.012 Si 的碳钢在空气中氧化行为,发现 580～620℃度范围内没有 FeO 相生成. 与纯铁相比,570℃以上氧化,Fe_2O_3 的生长更快,而且 580～700℃范围内该碳钢氧化膜主要由 Fe_2O_3 和 Fe_3O_4 组成,其原因不明. 结构研究似乎表明通过膜/基体界面的 Fe 离子流受到抑制,但现有技术并未观察到. 作者将上述 570℃以上氧化未出现 FeO 的原因归结为,碳钢表面的元素发生富集并影响到 Fe – FeO 界面的平衡及共析点的变化.

Cr、Si、Al 等元素氧化时将形成致密氧化物,当钢中含有这类合金元素时,将严重影响钢的氧化行为和氧化膜相组成. Cr 是不锈钢中的主要元素,不锈钢是锅炉、蒸汽、电站等设备中的常用材料,高温氧化是制约不锈钢使用寿命主要因素,所以不锈钢氧化是钢铁材料氧化研究中的热点. 含 Cr 钢在 570℃以上温度氧化而没有 FeO 出现的现象非常普遍[10-14],但各种 Cr 钢在不同氧化条件下,其相组成存在一定差异.

2.5 Cr – 1 Mo 不锈钢在 600～800℃空气中氧化[13],生成的氧化膜由三层组成,外层为 Fe_2O_3,中间层为 Fe_3O_4,内层为 $FeCr_2O_4$. Simms 等[15]研究了 2.5 Cr – 1 Mo 钢在 550～700℃纯氧中氧化后的氧化膜,将其分成四层,内层是非常细小有微孔的尖晶石,往外是柱状粗大的 Fe_3O_4,细晶有微孔的 Fe_2O_3 及表面须状 Fe_2O_3.

钢中的 Cr 含量不同,其抗氧化性也不同[16]:Cr 含量较低时,在氧化膜和基体之间形成尖晶石型的 $FeFe_{(2-x)}Cr_xO_4$ 相($x = 0～2$),Cr 的存在减缓了 Fe 在尖晶石结构中的扩散,降低了氧化速度. 更多的 Cr 将在膜/基界面生成 Cr_2O_3 层,当 Cr 足够高时,Fe 的氧化物相将全部被抑制. 可见,合金元素将对钢的氧化膜的组成产生决定性的影响.

文献[17]指出,在 Fe – Cr 合金与氧化物界面,即使很低的 Cr 含量,可能有以下反应:

$$2Cr + Fe + O_2 = FeCr_2O_4 \qquad\qquad (3-21)$$

为了能继续该反应,在界面上供给的 Cr 必须维持一定浓度,同时供给的 O 也应符合尖晶石型氧化物的形成速度. 假如 Cr 的供给速度比 O 大,即钢中有足够高的 Cr 含量,则形成 Cr_2O_3;反之 O 的供给速度大,则形成 FeO、Cr_2O_3、$FeCr_2O_4$ 等混合相的膜. 尖晶石型氧化物也可能是不同氧化物固相反应而成:

$$FeO + Cr_2O_3 = FeCr_2O_4 \qquad\qquad (3-22)$$

由此可见,590℃ H13 钢氧化膜中 FeO 相的受抑制而未出现是完全可能的,由于钢中 Cr、Si、V 等合金元素在氧化膜中富集,使 Fe - FeO 界面的平衡发生变化,共析温度上升,界面按反应(3-14)形成尖晶石型氧化物;但也有另一种可能,即首先分别形成 FeO、Cr_2O_3 相,同时又通过两者的固相反应(3-15)生成 $FeCr_2O_4$.

3.6.2　H13 钢蒸汽氧化机制

氧化膜 EDS 成分分析结果(图 3.11、图 3.12)表明,550℃氧化膜内层明显含有 Cr、Si、V 等合金元素,外层也这些合金元素 Cr、Si、V 进入的迹象,随着氧化时间的延长,这些合金元素含量峰值由内层向外层移动. 而 590℃氧化膜外层中却找不到这些合金元素的痕迹,合金元素都集中在氧化膜内层中. 结合 550℃和 590℃氧化膜中都仅仅检测到了刚玉型结构和尖晶石型结构两种物相这一结果,可见 550℃氧化膜表层的 $\alpha - Fe_2O_3$ 相中可能含有合金元素,590℃时 $\alpha - Fe_2O_3$ 中则无合金元素. 如何解释氧化膜中元素分布的这些特点? H13 钢中在蒸汽中的氧化过程又是如何进行的?

分析纯铁的氧化过程将有助于解答上述问题,首先需要了解铁的氧化物的结构特点.

FeO 是一种金属不足的 p 型半导体,载流子中电子空穴占优,NaCl 型结构(见图 3.28). 由于内部很高的阳离子空位,FeO 中各种阳离子和电子的迁移率是极高的.

α-Fe_2O_3 是一种金属过剩的 n 型半导体，载流子中电子占优，Fe_2O_3 为刚玉型结构（见图 3.29），O^{2-} 构成密排六方结构，Fe^{3+} 占据 2/3 的八面体间隙位置，非化学计量程度较小. 在 Fe_2O_3 单晶中铁和氧的扩散都极其缓慢.

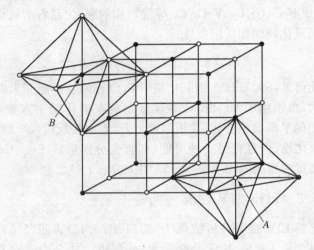

图 3.28　FeO 的 NaCl 型结构[18]

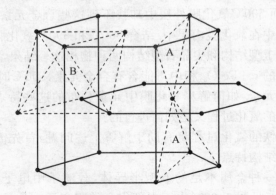

图 3.29　Fe_2O_3 的刚玉型结构[18]

Fe_3O_4 的晶型为反尖晶石结构(见图 3.30),O^{2-} 构成面心立方结构,一个分子中含有占据八面体位置 Fe^{2+}、Fe^{3+} 的各一个,另一个 Fe^{3+} 占据四面体位置. 在八面体位置和四面体位置处都存在有缺陷,在较高温度下,Fe^{2+}、Fe^{3+} 随机占据四面体和八面体间隙位置,因此铁离子可以通过这两个位置迁移. Fe_3O_4 的性质决定于氧活度[19]. 在很高的氧活度时,它是金属不足的 p 型半导体 $Fe_{3-y}O_4$,y 随氧分压增加而变大. 在低氧活度情况下,是金属过剩的 n 型半导体.

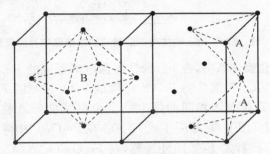

图 3.30　Fe_3O_4 的反尖晶石型结构[18]

Fe_3O_4 的组成在很大温度范围内都符合化学计量比,铁在 Fe_3O_4 单晶中的自扩散系数是氧活度的函数,与非化学计量比程度相一致,自扩散系数在一定氧分压下达到最小值. 氧分压恒定时,金属不足程度随温度下降而下降. 多晶 Fe_3O_4 从 FeO/Fe_3O_4 界面到 Fe_3O_4/Fe_2O_3 界面,自扩散系数连续增大,Fe_3O_4 中氧的自扩散系数比铁离子要小几个数量级[20].

根据埃林厄姆-理查森图(见图 3.1)在适当的温度和气氛条件下,FeO 和 Fe_3O_4 都是可以单独在钢铁形成的氧化物,而 Fe_2O_3 则不能单独出现. 570℃ 以下 Fe_3O_4 是氧化膜中的常见相,而 FeO 不会出现,当氧分压足够高时,Fe_2O_3 将在 Fe_3O_4 表面形核、生长. Fe_2O_3 在 Fe_3O_4 表面形核、生长与 Fe_3O_4 的晶体取向有关,当 Fe_2O_3 覆盖 Fe_3O_4 表面后由于减缓了阳离子和阳离子空位的扩散而减缓了氧化过程.[21]

基于经典 Wagner 氧化理论建立的纯铁 570℃以上氧化的机制如图 3.31 所示.

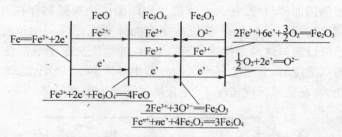

图 3.31　570℃以上铁生成三层膜的扩散步骤和界面反应[2]

铁的氧化膜体系中,在 Fe/FeO 界面电离形成的 Fe^{2+} 向外迁移,并在 FeO/Fe_3O_4 界面处将 Fe_3O_4 还原成 FeO. 过剩的 Fe^{2+}、Fe^{3+} 通过 Fe_3O_4 中的八面体和四面体上的空位继续向外迁移,在 Fe_3O_4/Fe_2O_3 界面上与 Fe_2O_3 反应生成 Fe_3O_4. 在 Fe_2O_3 层中考虑了两种离子扩散情形,一种是 Fe^{3+} 向外迁移,在 Fe_2O_3/O_2 界面上和 O_2 反应生成新的 Fe_2O_3. 另一种是 O^{2-} 向内迁移,并在 Fe_3O_4/Fe_2O_3 界面上与从 Fe_3O_4 层中迁移过来的 Fe^{3+} 反应形成 Fe_2O_3. 电子的迁移伴随着离子的迁移同时发生.

Wagner 金属氧化理论的基于假设条件为[22]:

(1) 氧化膜均匀、致密、完整,与基体结合牢固;

(2) 氧化膜的厚度远远大于空间电荷层的厚度;

(3) 在金属/氧化膜界面、氧化膜中以及氧化膜/气体界面建立热力学平衡;

(4) 氧化膜的成分偏离化学计量比较小;

(5) 离子和电子在氧化膜中的传输是氧化过程的控制步骤.

实际氧化膜中存在的各种缺陷如晶界、气孔、微裂纹等将造成短路扩散,影响氧化的传质过程,使氧化动力学偏离 Wagner 的抛物线趋势[17,22].

大量实验表明,多数钢铁材料在气氛中含水蒸气后的氧化将显著加速[23-25].沈嘉年等[23]研究了 Fe-Cr 合金的蒸汽条件下的氧化行为,认为氧化膜内的微裂纹导致水蒸气直接与金属反应,释放氢气,从而使 Cr_2O_3 发生还原反应而遭到破坏,反应式如下:

$$3H_2O + Fe \Longrightarrow Fe_2O_3 + 3H_2 \qquad (3-23)$$

及

$$Cr_2O_3 + 3H_2 \Longrightarrow 3H_2O + Cr \qquad (3-24)$$

同时 Fe_2O_3 还会与 Cr 反应生成含 Cr 尖晶石,即:

$$Fe_2O_3 + 4Cr + 5H_2O \Longrightarrow 2FeCr_2O_4 + 5H_2 \qquad (3-25)$$

上述反应相互促进,互为前提,由于蒸汽和氢的存在,加速了不锈钢的氧化.而水蒸气 H_2O 进入氧化膜直接与铁反应然后释放氢的过程已为实验所证实[24].

此外,蒸汽将使钢中的 Cr 反应生成易挥发的 $CrO_2(OH)_2$,而使 Cr_2O_3 或 $(Fe,Cr)_2O_3$ 失去保护性,文献[26]认为该反应式为:

$$2Cr_2O_3(s) + 3O_2(g) + 4H_2O(g) \Longrightarrow 4CrO_2(OH)_2(g)$$
$$(3-26)$$

由此可见,H13 钢的蒸汽氧化机制较纯铁更为复杂,尽管 550℃、590℃不同温度下氧化膜的组成相基本相同,但氧化膜成分分析表明,两者在形成机制上还是存在一定差别的.又由 510～610℃范围内 H13 钢蒸汽氧化 $\ln k$-$(1/T)$ 基本符合直线关系,可见这种差别并不十分显著.

根据经典铁的氧化膜传质模型、蒸汽条件下的短路扩散理论,以及合金元素对钢铁氧化的影响规律,总结出 510～590℃温度范围内 H13 钢蒸汽氧化过程中主要的传质模型(图 3.32).金属离子和电子在化学位梯度的作用下,由基体向外扩散,而氧离子及

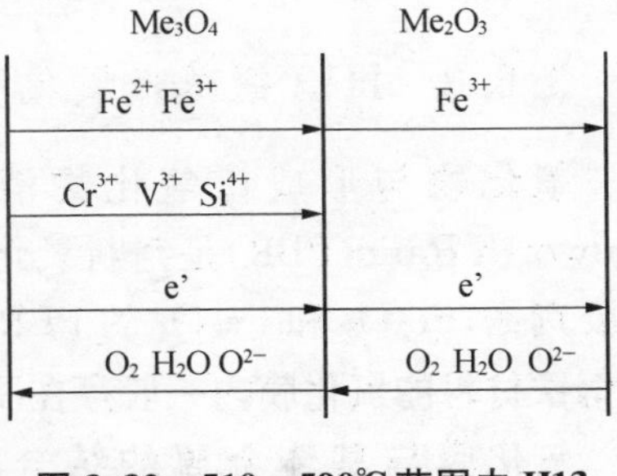

图 3.32　510～590℃ 范围内 H13 钢蒸汽氧化膜中的主要传质过程

氧分子和水分子通过晶界、气孔等短路扩散方式向内迁移.

550℃ H13 钢蒸汽氧化时,Fe、Cr 首先按式 3 - 14 在界面氧化生成 $FeCr_2O_4$,同时形成 Fe_3O_4,多余的 Fe、Cr 离子及其它阳离子在 Me_3O_4 中向外扩散;在 Me_3O_4/Me_2O_3 界面上,Fe^{3+}、Fe^{2+}、Cr^{3+}、V^{3+}、Si^{4+} 等阳离子氧化形成各种尖晶石相,这些阳离子可能同时氧化形成可种 Me_2O_3 相,并溶入 Fe_2O_3 中,或者这些阳离子直接溶入 Fe_2O_3 而形成 Me_2O_3. 所以 H13 钢 550℃蒸汽氧化时,各种合金元素主要集中在氧化膜中部. 部分合金元素阳离子继续扩散至表面并而氧化,由于蒸汽的作用,其中 Me_2O_3 中的 Cr 将以挥发相 $CrO_2(OH)_2$ 的形式进入气相,从而降低了 Cr 减缓氧化的作用.

590℃氧化时,膜/基反应将以式 3 - 22 进行,从而抑制了 FeO 的单独形成;各种阳离子向外扩散至 Me_3O_4/Me_2O_3 界面后,与 550℃氧化相比,相同氧分压下,由于温度升高,各种合金元素形成 Me_2O_3 受到抑制,而生成较多的 Me_3O_4 相. 所以,590℃氧化膜中合金元素主要 Me_3O_4 层内.

由上述分析可见 Me_3O_4/Me_2O_3 界面是 H13 钢氧化反应的主要界面,Pt 标记试验表明,该界面就是初始的金属表面[2],因而其结合性能与试样初始表面质量和状态又很大关系. 当试样表面不清洁时,很可能造成试样氧化膜 Me_3O_4/Me_2O_3 界面出现微孔,而氧化过程中进入的 H_2O、O_2,以及反应产生的 H_2 也是造成孔洞形成的原因.

3.6.3　H13 钢蒸汽氧化膜力学性能

氧化物与形成该氧化物消耗的金属的体积比,即 Pilling-Bedworth Ratio(PBR)是判断氧化膜完整性和膜内应力状态的一个重要判据,Fe_2O_3 和 Fe_3O_4 的 PBR 分别为 2.14 和 2.10,显著大于 1,故钢铁材料的氧化膜内一般存在压应力[1].

氧化膜与基体金属的结合强度通常可用界面断裂能来表示[2],即:

$$\gamma_f = \gamma_{ox} + \gamma_m - \gamma_i$$

式中，γ_{om} 和 γ_m 分别为氧化物和金属的表面能，γ_i 为金属和氧化物的界面能，γ_f 表征氧化膜的基本结合强度.

膜内应力和膜/基结合强度是直接影响氧化膜剥落行为的主要元素，但对这两项性能的测试很困难，本文采用不同载荷显微压入和拉伸试验的方法，定性地比较不同工艺条件下 H13 钢蒸汽氧化膜的微观力学性能.

当大载荷压穿氧化膜时，膜厚相同情况下，膜/基界面结合较弱的氧化膜容易破裂. 试验表面，当蒸汽压较小时，Me_3O_4 相对较少，氧化膜附着了下降，温度升高时还将造成明显的氧化膜分层现象，损坏了氧化膜的力学性能. 该试验条件下，氧化膜的抗破损性能与氧化膜的质量即氧化膜中的气孔含量有很大关系，严重时氧化膜中这类缺陷的影响将超过工艺温度、时间对氧化膜剥落造成的影响，实际此时的剥落并不发生在膜/基界面，而发生在高气孔密度的 Me_3O_4/Me_2O_3 界面.

采用力学探针或纳米硬度计小载荷压入获得的载荷硬度-深度关系曲线上可以获得氧化膜的多种力学性能指标. 与金属基沉积高硬度的 PVD 陶瓷涂层而层的硬膜/软基体体系相比，氧化膜/H13 钢体系的显微硬度曲线上并没有出现能够体现薄膜硬度特性的平台，这是由于氧化膜微观组织并不均匀，而是沿厚度方向存在成分梯度和化学位梯度. 氧化膜中出现微孔时，将显著降低其力学性能指标，反过来，较高地 H13 钢氧化膜的力学性能指标实际上反映了氧化膜的微观质量. H13 钢的氧化膜硬度超过 500 HV，接近 H13 钢基体的硬度，其弹性模量在 140 GPa 左右，并且有良好的弹性.

本文采用的拉力试验定性对比了不同氧化膜的附着特性，同上述显微压入时所体现的规律一样，氧化时间的延长是有损于膜/基界面结合力. 根据对 550℃ 和 590℃ 界面反应的分析，可见 550℃ 时含 Cr、V、Si 的致密的尖晶石主要分布在氧化膜中部，而 590℃ 时则明显分布在氧化膜内层，后者似乎获得更好的附着力，但实际 550℃ 氧化膜体现了更好的附着力.这是因为随着氧化时间的延长尤其是温度的升高,金属阳离子不断进入氧化膜,而在界面处保留了很多的空位,削弱了界面结合力.考虑到膜/基界面致密尖晶石的形成有利于改善界面结合力,所以在适当的温度下氧化才可获得较好的附着力.

3.7 小结

1) 在应用 Thermal-Calc 热力学软件计算的基础上,结合 XRD 和 EDS 分析,研究表明,510～610℃温度范围内 H13 钢蒸汽氧化膜主要有表层的刚玉型结构的 Fe_2O_3 和内层的(反)尖晶石型结构的 Me_3O_4 相组成. Thermal-Calc 软件准确地计算了 H13 钢表面氧化物在热力学平衡条件下的形成规律,更为科学地指导了氧化工艺试验的进行.蒸汽氧化工艺参数对氧化膜物相组成的影响规律为:氧化温度越高, Me_3O_4 相对量越高;氧化时间越长, Me_3O_4 相对量越高; 0.05～0.15 MPa 蒸汽压力范围内,压力越高, Me_3O_4 相对量越高. Me_3O_4 相以 Fe_3O_4 相为主,随着氧化温度升高,其它合金元素的尖晶石相 $FeCr_2O_4$、Fe_2SiO_4 及 FeV_2O_4 等含量将增大.

2) 适当腐蚀条件下,在 OP 和 SEM 下观察到外层 Fe_2O_3 和颜色较深的内层 Me_3O_4,在内外层之间经常可观察到不连续微孔,当微孔严重时将造成氧化膜的分层. H13 钢试样的表面粗糙、不清洁、氧化时蒸汽分压较低等都将促进 Me_3O_4/Fe_2O_3 界面微孔的形成.

3) 不连续氧化增重试验表明,H13 钢在 510～610℃温度蒸汽氧化基本符合 Wagner 抛物线生长规律,偏差主要表现在前期氧化速度较快.主要原因在于晶界气孔等缺陷造成传质过程中的短路扩散,使蒸汽分子能直接与金属发生反应,促进了氧化过程的进行. H13 钢的蒸汽氧化激活能为 35 935 J,接近于纯铁在空气中的氧化激活能33 000 J.

4) 550℃ 和 590℃ 下 H13 钢蒸汽氧化膜元素分布有所不同, 550℃下含 Cr、V、Si 等合金元素的主要分布在中部,不仅以尖晶石相的形式出现,而且溶入了 Fe_2O_3 相中,并可能存在 Cr 的蒸发. 而 590℃时 Cr、V、Si 等合金元素并未出现在 Fe_2O_3 相中,而集中在 Me_3O_4 相中. 与 $FeCr_2O_4$ 相比,Fe_2SiO_4 和 FeV_2O_4 集中在 Me_3O_4 层的外侧.

5)显微压入和拉伸试样可定性地比较 H13 钢氧化膜的附着力,氧化时间的延长对附着力的影响是不利的,550℃下短时氧化有较好的膜/基界面结合. 而氧化膜的质量,如微孔的数量和分成情况对氧化膜的破损性能较工艺参数的影响可能更为显著. 氧化膜内的微孔显著降低了膜层的力学性能,并对抗破损性能不利.

第四章　H13 钢氮氧复合
工艺试验研究

4.1　概述

在第二章中尝试将 H13 钢的蒸汽氧化和气体氮化工艺结合起来,在同一热处理炉中进行,但在试验装置的设计上并未获得成功.在各种氮化方式中,等离子氮化速度快,工艺可控性强[1],故转而进行蒸汽氧化和等离子渗氮结合的氧氮复合工艺的研究.

H13 钢先氧化、再渗氮,还是先渗氮、再氧化,以及氧氮复合工艺在实际模具上的可操作性是本章要研究的主要问题.

此外,本章还将研究以下几方面的问题:预氧化在许多场合有利于气体渗氮时氮的渗入,对热作模具钢 H13 而言,在表面先蒸汽氧化形成一层氧化膜,这层氧化膜对随后的渗氮过程究竟会有何影响,渗氮是否影响已形成的氧化膜,氮能否扩散进入 H13 钢基体中;等离子渗氮处理在向钢中渗入氮的同时,将改变其表面的状态,这对氧化有何影响;等离子渗氮后出现的不同的表面组织对氧化有何影响,渗氮工艺如何控制;等离子渗氮后,能否后续也在等离子条件下氧化;除了蒸汽氧化,是否还有其它方法实现 H13 钢的快速氧化等等.

4.2　试验内容和方法

4.2.1　H13 钢氧氮复合处理

采用 H13 钢块状试样(见图 3.5)首先在自行设计的蒸汽氧化炉

(见图 2.3)中进行氧化处理,蒸汽氧化温度分别选用 550℃、590℃,蒸汽压力 0.1 MPa. 然后采用等离子热处理方式进行渗氮或硫碳氮共渗处理,处理温度 550℃,以氨气为渗氮气氛进行渗氮处理,硫碳氮共渗时通入氨气和二硫化碳混合气氛.

分别对上述不同工艺处理后的试样进行 OP、XRD、SEM、EDS 分析.

4.2.2　H13 钢氮氧复合处理

在温度 550℃下对 H13 钢块状试样进行等离子渗氮处理,通过调整渗氮气氛、电压等参数获得不同的渗氮效果,然后在蒸汽炉中进行 550℃蒸汽氧化处理. 在低的氨流量条件下,混入少量空气通入炉中,或在通入纯氧的条件下,研究等离子氧化的可行性.

采用 SEM 观察蒸汽氧化前后渗氮 H13 钢试样表面状态的变化,采用与前文相同的方法分析试样的组织形态、相组成和成分分布等.

利用观察冲击断口边缘氧化膜的方法,分析比较氮氧复合氧化膜与普通蒸汽氧化膜在断裂形态特征上的差异.

4.2.3　空气中 H13 钢的氧化

H13 钢热作模具的使用一般暴露在空气中,空气环境下 H13 钢具有较好的抗氧化性能. 为提高模具的抗熔损性能,部分压铸模在使用前通常在 500℃左右进行空气条件下的预氧化处理[2].

为研究 H13 钢的空气氧化特性,比较 H13 钢在不同温度下的行为. 在箱式炉中分别在 550℃、590℃和 610℃,对块状 H13 钢试样进行常压空气氧化.

利用预抽真空回火炉,抽出炉内空气,在 550℃、约 0.001 MPa 低压空气条件下,进行 H13 钢的氧化处理. 并在预抽真空回火炉中,进行低压气体渗氮和低压空气氧化复合处理的工艺试验.

4.3　试验结果和分析

4.3.1　H13 钢氧氮复合处理

H13 钢经蒸汽氧化、再进行等离子渗氮后获得的组织如图 4.1所示,图中 4.1a、b 分别为 550℃、590℃蒸汽氧化 2 h,再进行 550℃等离子渗氮 2 h 获得的表层组织. 等离子渗氮将减薄 H13 钢表面已获得的氧化膜,并在氧化膜上形成连续性较差的白色化合物层,由于获得的量较少,采用 XRD 未能检测出其物相,估计是铁的氮化物相或铁的氮化物和氧化物组成的混合物. 在光镜下,从 H13 钢基体腐蚀（4％硝酸酒精溶液）深浅来看,上述氧化＋渗氮复合处理后的 H13 钢基体内并无氮原子的渗入迹象.

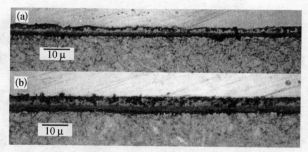

(a) 550℃×2 h氧化-550℃×2 h渗氮　(b) 590℃×2 h氧化-550℃×2 h渗氮

图 4.1　H13 钢蒸汽氧化＋等离子渗氮组织

上述试验过程中,当等离子热处理电压从 600 V 提高到 900 V 后,将明显加快 H13 钢表面氧化膜的减薄进程. 对一定厚度的 H13 钢蒸汽氧化膜,等离子渗氮适当时间后,氧化膜将基本消失,如图 4.2 所示,550℃等离子轰击 3 h 后,D2 试样（蒸汽氧化 550℃×2 h）表面采用 XRD 已检测不到氧化物的存在.

由此可见 H13 钢经蒸汽氧化后形成的氧化膜,将阻碍等离子处

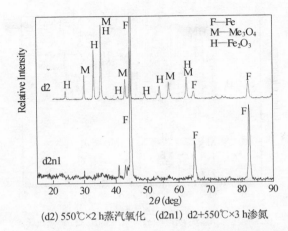

(d2) 550℃×2 h 蒸汽氧化　　(d2n1) d2+550℃×3 h 渗氮

图 4.2　H13 钢蒸汽氧化＋等离子渗氮组织表面 XRD 谱线

理过程氮的渗入,由于氮等各种等离子体的轰击,氧化膜将逐步被分解消耗.

　　改用等离子硫碳氮共渗对已蒸汽氧化的 H13 钢试样进行表面处理,同样试样表面的氧化膜将减少,随着共渗时间的延长,氧化膜逐步转变成由硫化物、氧化物、氮化物组成的多相混合物,XRD 分析表明(见图 4.3)该化合物成中主要由 FeS、Me_3O_4、$Fe_{2-3}N$ 和 Fe_4N 等相组成. 与等离子渗氮不同,等离子硫碳氮共渗在氧化膜减薄的同时,表面能形成连续的化合物层.

　　图 4.4 为 H13 钢 550℃蒸汽氧化 2 h、550℃硫碳氮共渗 2 h 后的金相组织,发现灰色的氧化膜已完全消失,表层变为灰白色的由 FeS、$Fe_{2-3}N$ 和 Fe_4N 等相组成的化合物层. 根据腐蚀程度可见,在 H13 钢基体中明显有氮原子的渗入,从该试样表层截面的 EDS 能谱分析结果(见图 4.5)可以判断,不仅是氮而且也有碳扩散进入基体. 在表面化合物层中氧的含量基本接近 H13 基体中的水平,结合 Cr、Si、V 的分布,氧化物主要存在化合物表面及与基体交界处;其它元素的分布表明,Fe 分别与 S、N、C 形成了各种化合物,尽管物相分析并未检测

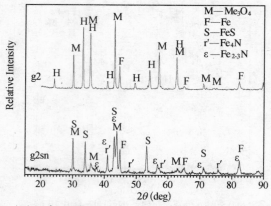

(g2) 590℃×2 h蒸汽氧化　(g2sn) g2+550℃×2 h硫碳氮共渗

图 4.3　H13 钢蒸汽氧化＋等离子硫碳氮
共渗组织表面 XRD 谱线

图 4.4　H13 钢 550℃×2 h 蒸汽氧化＋550℃×2 h
硫碳氮共渗(d2sn)组织

到碳化物的存在;硫化物主要分布在化合物层中部,在膜中部偏外侧含量相对较低,该部位有氮化物和碳化物存在.

4.3.2　H13 钢氮氧复合处理

等离子渗氮是热作模具钢常用的表面处理工艺,通过渗氮温度、电压、气氛的调整,可以获得不同的渗层组织,组织差异主要表现为表面化合物层、扩散层脉状氮化物的出现与否,扩散层氮的分布梯度等.当渗氮气氛中混入空气时,氮化物中将出现氧化物相. H13 钢

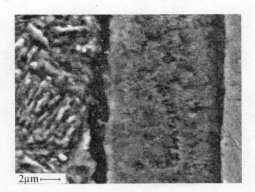

(a) 二次电子像

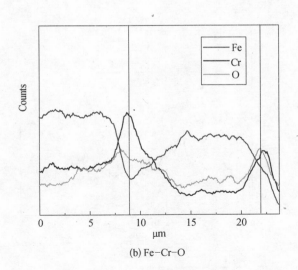

(b) Fe—Cr—O

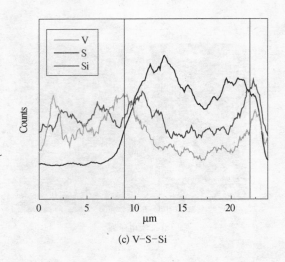

(c) V–S–Si

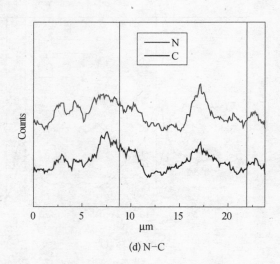

(d) N–C

图 4.5　氧化＋硫氮碳试样(d2sn)化合物层主要元素 EDS 线扫描

550℃等离子渗氮2 h后表层可获得3~5 μm的化合物层(试样 N2，见图 4.6a)，在 H13 钢等离子渗氮的基础上，再进行550℃2 h的蒸汽氧化处理，可获得比较厚的以铁的氧化物为主的灰色化合物层(试样 N2O、N3O，见图 4.6b、c)，图中可见氧化物中部和外层有较多的孔洞，图 4.6b氧化物内层还可观察到白亮的氮化物层，氧化层厚度达到了 10 μm，显著大于未经等离子渗氮预处理的试样(见图 3.8).

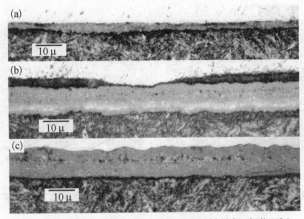

(a) 等离子渗氮N2   (b) 渗氮＋氧化N2O   (c) 渗氮+氧化 N3O

图 4.6 H13 钢等离子渗氮＋蒸汽氧化组织

由此可见 H13 钢等离子渗氮后进行蒸汽氧化，其氧化速度明显增加. 在 SEM 下观察蒸汽氧化前后试样的表面微观形貌(见图 4.7)，发现等离子渗氮处理后试样 N3(等离子渗氮 550℃×2 h)表面粗糙程度增大，并形成大量微孔和突起，蒸汽氧化后(N3O)表面粗糙程度仍然较大，表面微孔有所减少. 等离子渗氮所造成的表面状态的这一粗糙程度的变化，以及等离子轰击的活化作用可能是蒸汽氧化速度加快的主要原因之一.

为分析等离子渗氮工艺及其组织对蒸汽氧化的影响机制，对等离子渗氮处理的 H13 钢试样 N3 表面化合物层进行 EDS 能谱分析,结果见图 4.8,与氧氮复合处理试样的 EDS 分析结果图 4.5 相比,最大差异在于化合物层内层有很高的氧含量,合金元素 Cr、Si、V 等部分以氧化物形式分布在内层;N 明显分布于化合物层中,并在中部有较高的含量,可见 N 不仅与铁形成化合物,且与其它合金元素 Cr、V 等形成了化合物,因为 N 与 Cr、V 的峰值出现在相同位置;Fe 在外层有较高分布,而内层含量较低,可见 Fe 的氮化物主要分布在外层.

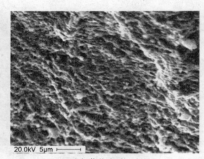

(a) 蒸汽氧化前N3

(b) 蒸汽氧化后N3O

图 4.7 H13 钢等离子渗氮试样蒸汽氧化前后的表面二次电子像

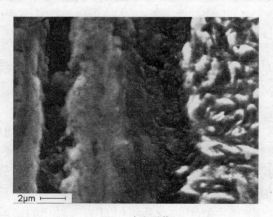

(a) 二次电子像

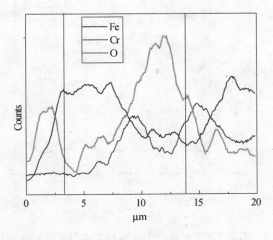

(b) Fe－Cr－O

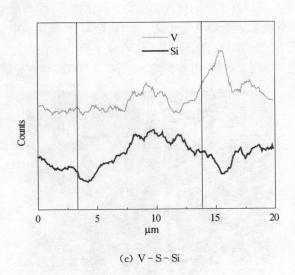

(c) V－S－Si

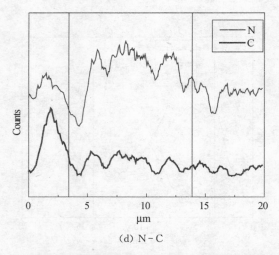

(d) N－C

图 4.8　等离子渗氮试样(N3)化合物层主要元素 EDS 线扫描

等离子热处理＋蒸汽氧化试样 N3O 表面呈蓝灰色,根据截面金相观察(见图 4.6c),该试样表面的化合物主要为氧化物,其 EDS 能谱分析结果见图 4.9.氧化物层表面 O 含量很高,向内逐渐降低,氧化膜中部对应于孔洞处 O 含量出现一峰值;合金元素 Cr、V、Si 主要分布在内层,其中 Cr 在靠近基体处有一明显峰值;由外到内,N 仍明显出现在该氧化膜中.

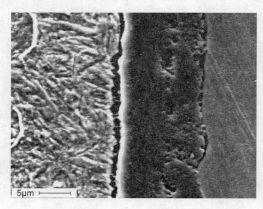

(a)二次电子像

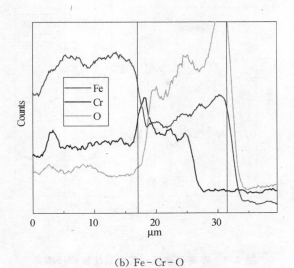

(b) Fe－Cr－O

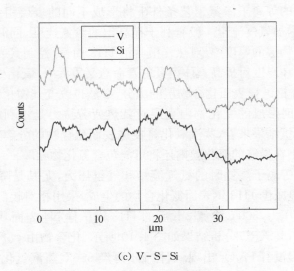

(c) V－S－Si

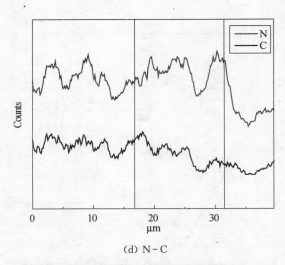

(d) N-C

**图 4.9　等离子渗氮＋蒸汽氧化试样(N3O)
化合物层主要元素 EDS 线扫描**

　　不同的等离子渗氮工艺条件下将形成不同的表层组织,提高渗氮温度、增加氨气流量一般有利于提高钢的渗氮速度,同时也将增加表面化合物层的厚度[3]. 对热作模具钢 H13 而言,控制其表面化合物层的物相和厚度对提高具体模具的寿命意义重大[4]. 氧化处理可改变渗氮 H13 钢试样表面化合物层的成分,必然也改变其物相. 通常 H13 表面渗氮时形成的氮化物白亮层对其热疲劳抗力是不利的,从金相和能谱分析结果来看,蒸汽氧化将促进表面化合物的分解,但如氧化不充分,则在最终的氧化膜内还将可能包含氮化物相.

　　减小等离子渗氮时的氨气流量和气氛压力,尤其是降低渗氮温度,可明显减少 H13 钢表面氮化合物的生成. 采用相对较低的氨气流量和气氛压力,500℃渗氮 2 h 后的 H13 钢试样 N4 表面获得了少量的化合物,其 XRD 分析结果如图 4.10 所示,化合物由 ε、γ′ 和 Me_3O_4 相组成,但没有 Fe_2O_3 出现. 试样 N4 再经 550℃蒸汽氧化 2 h 后,表面化合物层中已检测不到氮化物相(见图4.10),此时的化合物层基本为氧化物,其 XRD 谱线与 H13 钢蒸汽膜谱线(图 3.13)完全相一致,主要由 Me_3O_4 相和 Fe_2O_3 组成,但其厚度显著达 $7~\mu m$(见图 4.11),远超过直接蒸汽氧化试样. 可见等离子处理+蒸汽氧化处理后,可在 H13 钢试样获得厚度较大的氧化膜.

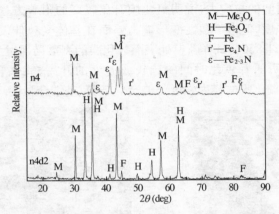

图 4.10 等离子渗氮(N4)+蒸汽氧化试样(N4O)XRD 谱线

图 4.11 等离子渗氮+蒸汽氧化试样(N4O)的表面氧化膜

采用带 V 型缺口的冲击试样(见图 3.5),比较不同条件下获得的氧化膜的抗破损性能. 假定每个 H13 钢试样的冲击性能相同,在冲击和断裂过程中,V 型缺口侧面的氧化膜所承受的应力状态相似,这样根据冲击试样侧面氧化膜的破损形貌可以分析氧化膜的附着力和力学性能.

图 4.12 是不同 H13 钢蒸汽氧化膜试样冲击断口侧面处的 SEM 形貌照片,可见:蒸汽氧化前预先等离子渗氮处理试样 N3O 的氧化

膜厚度明显大于其它试样的氧化膜,该氧化膜随冲击试样一同破裂,而保留在试样上的氧化膜与基体结合完好,说明其脆性较大,但与基体有良好结合;其它试样 D4、D8、G2,保留在试样表面的氧化膜都发生了开裂,表明氧化膜在试样冲断过程中由于基体的塑性变形而承受过一段时间的拉应力,说明氧化膜有比较好的附着力、氧化膜本身也有一定强度,但由于塑性变形能力差而在基体受拉伸发生了断裂;与 D4 相比,D8、G2 试样断口处表面氧化膜的剥落局部发生了氧化膜膜内侧,表明随着氧化时间的延长或温度的升高、氧化膜厚度的增加,H13 钢氧化膜的膜内强度可能会低于膜/基结合强度.

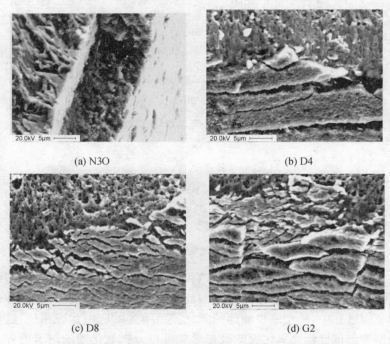

(a) N3O (b) D4

(c) D8 (d) G2

图 4.12 不同氧化膜的冲击弯曲下的破裂 SEM 形貌

渗氮可以提高热作模具的表面硬度和强度,氧化可以提高模具的润滑性能和工件的成形性能,将等离子渗氮和蒸汽氧化结合,处理后 H13 钢表层的截面 SEM 组织如图 4.13 所示,表面为完整连续的氧化膜,次表面是厚度较大的氮扩散层. 在 N3 离子渗氮过程中,由于氨的流量较大(250 ml/min),所以渗氮速度较快,在氮扩散层外层出现了脉状氮化物,这对热作模具的热疲劳抗力是不利的.

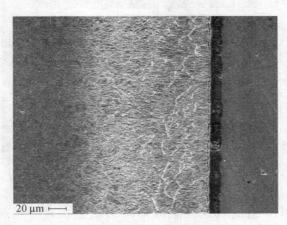

20 μm ⊢——

**图 4.13　等离子渗氮+蒸汽氧化试样 N3O
表层截面 SEM 二次电子像**

　　不同服役工况条件下的热作模具对力学性能要求有所侧重,对于重载条件下以塑性变形为主要失效形式的热作模具,可以采用较大的渗氮深度;对于热疲劳失效为主的压铸模,渗氮深度不易过大,不能出现氮化物白亮层及脉状氮化物,且氮浓度梯度应平缓[4]. 采用等离子渗氮工艺可以有效控制 H13 钢中的渗氮组织,表面氧化膜对热锻模、热挤压模的成形性能有益,对有色合金压铸模的抗热熔损更为有意义. 所以针对不同的热作模具,应调整等离子渗氮+蒸汽氧化工艺. 图 4.14 不同工艺条件下的 H13 钢氮氧复合处理组织,氮扩散层较大的图 4.14a 和图 4.14b 适合与热锻模,其中图 4.14a 所示组织表面含有氮化物,适用于表面易磨损的场合. 而图 4.14c 基体内部是很平缓的氮扩散层,光镜下未观察到析出氮化物,该组织适用于有色金属压铸模.

(a) 20 μ

(b) 20 μ

(c) 10 μ

图 4.14   不同工艺参数下的氮氧复合处理组织

上述 H13 钢氮氧复合表面处理组织是在表面粗糙度 Ra 为 0.07 μm(磨至 02♯金相砂纸)条件获得的,进一步研究表明,试样表面粗糙度对 H13 钢氮氧复合组织有很大影响.将表面磨至 03♯金相砂纸的 H13 钢试样采用 W3 抛光膏机械抛光,获得的表面粗糙度 Ra 为 0.02 μm.分别按上述方法进行等离子氮化处理,以获得少无或明显具有白色氮化物层的组织,然后进行蒸汽氧化处理.有关试样的表层组织见图 4.15,与上述试样相比,氮化组织并无多大差别,但氮氧复合组织中化合物层(氧化物,氮化物/氧化物)的厚度远小于上述试样.这些试样的表面 SEM 分析表明(见图 4.16),H13 钢试样抛光后,局部表面存在一些微孔,大部分表面无缺陷;在较低的温度下,等离子轰击后,表面生成少量的粒状化合物;在较高的温度下,试样表面覆盖了直径为数百纳米的球状氮化物颗粒.SEM 下,等离子轰击后并未观察到前文(图 4.7)中所观察到的大量微孔和突起.由此可见,表面微观状态是影响 H13 钢氧化的重要因素.

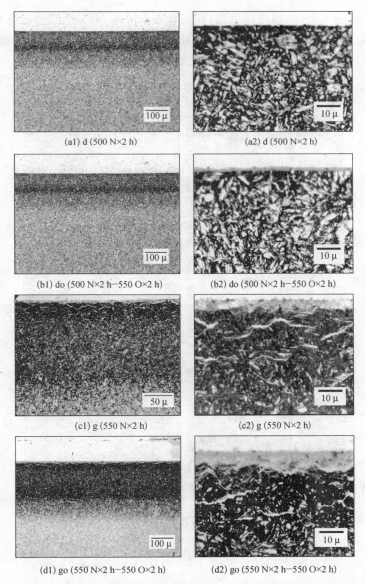

(a1) d (500 N×2 h)   (a2) d (500 N×2 h)

(b1) do (500 N×2 h−550 O×2 h)   (b2) do (500 N×2 h−550 O×2 h)

(c1) g (550 N×2 h)   (c2) g (550 N×2 h)

(d1) go (550 N×2 h−550 O×2 h)   (d2) go (550 N×2 h−550 O×2 h)

图 4.15　经抛光 H13 钢试样氮化、氮氧处理组织

从图 4.16 中还可以见到,原始状态不同的 H13 钢试样最终的表面蒸汽氧化膜表面形貌相类似,为山峦状晶粒,局部边界有明显的微裂纹,表面未轰击试样的蒸汽氧化表面更显平整.

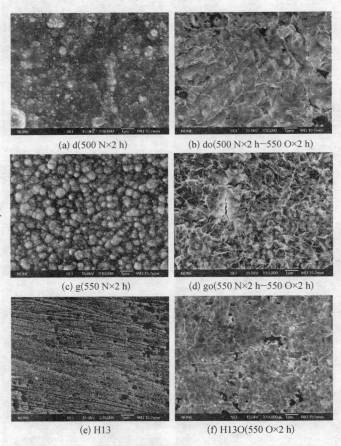

(a) d(500 N×2 h)

(b) do(500 N×2 h−550 O×2 h)

(c) g(550 N×2 h)

(d) go(550 N×2 h−550 O×2 h)

(e) H13

(f) H13O(550 O×2 h)

图 4.16　经抛光的不同状态 H13 钢试样表面形貌

4.3.3　空气氧化条件下的 H13 钢氧化膜

0.1 MPa 的空气环境下,H13 钢试样 550℃氧化 4 h 后表面有明显

的金属光泽,氧化程度很小.分别经 590℃、610℃空气氧化 4 h 的 H13
钢试样表面仍可观察到金属光泽.采用 3.2.3 节中的氧化膜制样方法,
由于上述三试样的空气氧化太薄,故在金相显微镜下均未能观察到.

采用 XRD 方法分析了上述试样表面空气氧化膜的物相组成,结
果见图 4.17,550℃空气氧化 4 h 的 a1 试样,氧化膜为 Fe_2O_3 相,基本
没有尖晶石 Me_3O_4 相,当氧化温度升高到 590℃(a2 试样)、610℃(a3
试样),氧化膜中才观察到少量的 Me_3O_4 相.

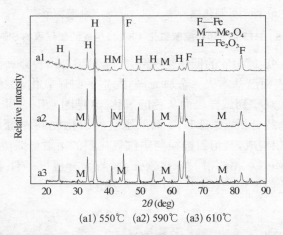

(a1) 550℃   (a2) 590℃   (a3) 610℃

**图 4.17   H13 钢不同温度空气氧化 4 h
生成的氧化膜的 XRD 谱线**

550℃空气氧化 4 h 的 V 型缺口冲击试样冲断后,在断口侧面可
观察到很薄的氧化膜,如图 4.18a 中箭头所示,该氧化膜表面的 SEM
形貌如 4.18b 所示,由于氧化膜很薄,可明显观察到试样氧化前的磨
痕.对比蒸汽氧化膜表面形貌(见图 3.7),基本观察不到原始试样表
面的磨痕.

可见相同温度下,H13 钢空气氧化的速度远低于蒸汽氧化速度,
并且在氧化膜物相组成相也有较大差别,说明不同气氛环境条件下
H13 钢的表面氧化过程有较大差别.

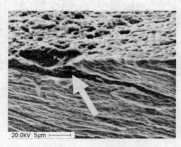 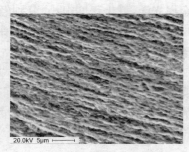

(a) 断口处氧化膜　　　　　　　(b) 表面形貌

图 4.18　H13 钢 550℃ 空气氧化 4 h(a1)生成的氧化膜的 SEM 形貌

在约 0.001 MPa 的低压空气环境下,H13 钢 550℃氧化 4 h(试样 la4),试样表面已基本失去金属光泽,发生了明显氧化,在金相显微镜下可清楚地观察到试样表面灰色的氧化膜(见图 4.19). 采用 XRD 衍射仪进行物相分析,发现 H13 钢低压空气氧化膜同样也是由 Fe_2O_3 和 Me_3O_4 相构成,其衍射谱线与蒸汽氧化膜的衍射谱线更为接近(见图 4.20),Me_3O_4 相的衍射峰比较强,而与同样温度条件下的常压空气氧化膜的衍射谱线(图 4.17)有较大差异.

图 4.19　H13 钢 550℃低压空气氧化
4 h(la4)生成的氧化膜

可见在无水分的条件下,适当氧分压条件下的低压空气中 H13 钢的氧化速度也有较大的氧化速度,反而高于常压空气下的氧化速度,并造成氧化膜在物相组成上的差异,可见氧分压的变化改变了 H13 钢的氧化进程.

低压空气条件下 H13 钢有较快的氧化速度,并且其氧化膜组成

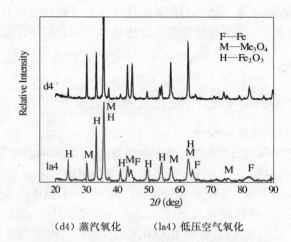

（d4）蒸汽氧化　　　（la4）低压空气氧化

**图 4.20　H13 钢 550℃蒸汽和低压空气氧化 4 h
生成的氧化膜 XRD 谱线比较**

与蒸汽氧化膜一致,这为 H13 钢的表面氧化处理提供了更为简便的
工艺方法,在常用的预抽真空回火炉或气体渗氮炉中就可以进行处
理.而且渗氮和氧化工艺的结合也更为方便,在低压氨分解气氛下进
行气体渗氮,渗氮结束后停止氨气的通入,抽空后形成低压空气环
境,并通入惰性的氮气防止炉外空气进入炉内,进行低压空气氧化.

　　在预抽真空回火炉中先对 H13 钢 550℃气体渗氮 2 h,而后抽出
炉内残留气氛,在低氧环境下继续氧化 2 h,最终获得的氮氧复合处
理组织如图 4.21 所示.与等离子渗氮相比,气体渗氮的速度要缓慢的

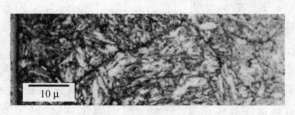

**图 4.21　H13 钢 550℃渗氮 2 h＋低压
空气氧化 2 h 后的表层组织**

多,尤其是短时渗氮,尽管 H13 钢具有较强的渗氮性能,2 h 渗氮获得的渗氮层比较薄,该复合处理组织在压铸模上有一定的应用价值.

4.4 讨论

4.4.1 影响 H13 钢氧化机制的因素分析

4.4.1.1 温度的影响

由阿伦尼乌兹方程可知,温度对各种反应的影响是非常显著的. 温度升高时,尽管 H13 钢氧化反应的热力学驱动力下降,但由于动力学传质过程的加快,其氧化速度大大提高[5]. 由于温度改变而引起氧化机制变化后,相应的氧化速度也会发生变化. 对于纯铁,氧化反应温度超过 570℃后,随着新相 FeO 的产生,其氧化速度将显著提高.

本文第三章中的研究表明,蒸汽氧化条件下,H13 钢在 550℃、590℃ 温度下形成的氧化膜相组成相同. EDS 能谱分析表明,550℃温度下氧化时,Fe_2O_3 膜中明显含有合金元素 Cr(见图 3.11);而 590℃ 氧化时,合金元素主要集中在 Me_3O_4 层中,而 Fe_2O_3 层中几乎没有合金元素(见图 3.12). 可见,上述两不同温度下,H13 的抗氧化行为有所差异,550℃时,随着 Cr 等合金元素溶入 Fe_2O_3,其氧化速度降低;590℃ 时,随着各种尖晶石相的生成,氧化速度减小. 当然,氧化膜厚度的增加所导致的膜内传质过程的延长,是氧化速度减小的主要原因.

不连续氧化增重试验表明,510℃、550℃、590℃ 和 610℃ 不同温度蒸汽氧化时的 $\ln K$ 与 $(1/T)$ 具有很好的线性关系,这一结果说明 550℃、590℃下尽管氧化机制有所差异,但 Cr 等合金因素对抑制氧化的效果是类似的.

4.4.1.2 氧分压的影响

H13 钢空气氧化试验表明,在温度 550~610℃、常压空气条件下,H13 钢的氧化速度非常缓慢;在适当的低氧分压条件下,H13 钢表面反而有较快的氧化速度. 对于一定的氧化反应,通常氧含量的提高将加速氧化反应的进行. 所以,上述 H13 钢的不同氧分压条件下的氧化机制是有所不同的.

Aries 等人[6]曾获得类似的结果,他们研究了铁素体不锈钢表面以 Fe_3O_4 为主的化学转化膜在空气 ($P_{O_2} = 2 \times 10^4$ Pa)和低真空 ($P_{O_2} = 2 \times 10^2$ Pa) 条件下的从 $200 \sim 700℃$ 不同温度下的氧化行为. 发现在空气环境中,Fe_3O_4 膜表面出现了 Fe_2O_3 及 $(Fe_{1-x}Cr_x)_2O_3$ 相后,减缓了氧向 Fe_3O_4 膜中的扩散,氧化过程缓慢,膜中氧主要富集在表面;在低真空条件下,表面 Fe_2O_3 及 $(Fe_{1-x}Cr_x)_2O_3$ 相的量很少,氧以较快的速度在 Fe_3O_4 膜中的扩散,并在内层形成 $FeCr_2O_4$ 相.

文献[5]中指出,铁在 $220 \sim 450℃$ 温度范围、$0.13 \sim 1.2$ Pa 氧分压的条件下氧化,最初表面形成的是 Fe_3O_4,然后 Fe_2O_3 在 Fe_3O_4 表面形核,当形成连续的氧化膜后,氧化速度将显著降低. 在低氧分压 (13 Pa)条件下,Fe_2O_3 的形核速率较低,导致相对较厚的 Fe_3O_4 和高的氧化速度. 在高氧分压 (0.132×10^5 Pa) 条件下,Fe_2O_3 的形核和生长速率高,表面迅速被 Fe_2O_3 所覆盖,从而导致低的氧化速率.

可见,尽管不同钢铁材料在成分上有所差别,但氧分压对氧化机制的影响是一致的:在一定温度条件下,氧分压较高时,表面将氧化形成以 Fe_2O_3 为主的氧化膜,当 Fe_2O_3 完整覆盖表面后,由于 Fe_2O_3 是铁元素过剩型氧化物,氧及其它阳离子在 Fe_2O_3 膜内的扩散速度相当缓慢,氧化速度变慢;当氧分压降低到一定范围内,优先生成 Fe_3O_4,各种粒子在其中有较大的扩散速度,因此氧化速度较快.

但是,一般碳钢在空气中氧化,当温度超过 $500℃$ 后,尽管表面可形成连续的 Fe_2O_3 层,但仍有较大的氧化速度[7]. H13 钢在空气中具有较好的抗氧化性能不仅仅是因为表面形成了连续的 Fe_2O_3 层,H13 钢中合金元素也是影响其氧化行为的重要因素.

Cr 是许多工具钢、不锈钢、耐热钢等钢材中的主要合金因素,钢的抗氧化性能将随着 Cr 含量的增加而提高. 高 Cr 耐热不锈钢良好的高温抗氧化性主要归功于表面形成了连续、致密、稳定的 Cr_2O_3 层,当钢中 Cr 含量高到一定程度后,Fe 的氧化将完全被抑制[8]. 多数情况下,含 Cr 钢中的铁也将被氧化,由于 Fe_2O_3 与 Cr_2O_3 在结构上相近,两者具有很强的互溶性,所以含 Cr 钢表面通常是(Fe,Cr)$_2$O$_3$ 相[8],其中的 Cr 含量主要取决于钢的含 Cr 量,(Fe,Cr)$_2$O$_3$ 中的 Cr 含量越高,其抗氧化性越强.

与 H13 钢相比,QRO-90S 钢成分的主要变化是,Cr 从 5% 降低到 2.6%,并适当提高了 Mo 含量.在空气中氧化,其氧化速度是 H13 钢的 5 倍(见图 1.15),X 射线光电子 XPS 检测结果(见图 4.22)表明,8407 钢、QRO-90S 钢氧化膜表层都为 Fe$_2$O$_3$,采用俄歇电子能谱仪 ASE 并未明显检测出膜内 Cr 元素的存在[9].

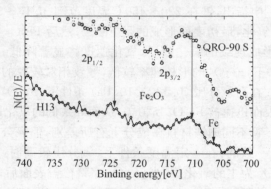

图 4.22   500℃ 空气氧化 10 min 的 H13、QRO90 S 钢氧化膜 XPS 谱(Fe$_{2p}$峰)[9]

本文采用 EDS 方法在 H13 钢 550℃ 形成的氧化膜 Fe$_2$O$_3$ 层中检测到了 Cr 及其它元素的存在,证实了(Fe,Cr)$_2$O$_3$ 的存在.显然,由于 QRO-90S 钢中的 Cr 含量较 H13 钢要少,因此,Fe$_2$O$_3$ 内溶入的 Cr 量相对较少,抗氧化性能因此较差.

可见 Fe$_2$O$_3$ 相中溶入 Cr 量的大小对氧化速度的影响相当显著.所以,H13 钢在常压空气中氧化时,表面形成连续、稳定的含 Cr 的 (Fe,Cr)$_2$O$_3$ 膜是其难以氧化的主要原因.

根据 Thermal-Calc 软件的计算结果,H13 钢 550℃ 表面氧化时,当氧分压低于 1.2×10^{-17} Pa 时,Fe$_3$O$_4$ 将是表面氧化物的主相,当氧分压高于该值时，Fe_2O_3 将是主相，当表面形成连续 Fe_2O_3 层后，由于 Fe、O 在其中的传输过程相当缓慢，氧化受到抑制. 但 550℃、0.001 MPa 的低压空气条件下氧化时，气氛中的氧分压远高于临界值 1.2×10^{-17} Pa，H13 钢试样表面 Fe_3O_4 相得到充分生长，这表明界面实际参与反应的氧含量与气氛中的氧含量是不同的，只有吸附并参与反应的氧才能对 H13 钢氧化机制和氧化过程产生影响. 实际表面吸附的氧量，除与氧分压有关外，还与试样的表面状态、成分、物相等其它多种因素有关，从而影响氧化过程.

4.4.1.3 表面状态等其它因素的影响

本文中试验所采用的 H13 钢，为避免不同试样表面状态对氧化试验结果产生影响，试样的准备方法基本保持一致，试样淬回火硬化后，都采用手工方法磨至 02# 细砂纸(除本章中的一组试样)，而后浸在乙醇中超声清洗，在试样表面基本保持新鲜的情况下进行各种氧化处理. 由于手指的接触、灰尘的污染、空气的氧化等不可避免地影响了试样的表面状态. 试验过程中发现，H13 钢表面氧化膜在金相显微镜下观察是否有明显的分层现象，与试样表面的清洁程度有很大关系，当试样表面受灰尘等污染后，氧化膜 Fe_2O_3/Me_3O_4 界面分层现象较多. 这一现象支持了钢铁氧化膜 Fe_2O_3/Me_3O_4 界面就是最初试样外表面的论断. 试样表面受灰尘、油、脂等污染后，并不影响氧化膜内的传质过程，而将影响表面氧的吸附和电离，尽管并未对 H13 钢氧化行为产生明显影响，但对氧化膜的致密性、力学性能等有明显影响.

真空等离子轰击是清洗试样的一种先进方法. 等离子渗氮时，由于各种等离子体的轰击，H13 钢试样表面的各种油、脂等各种污染物将被轰击掉，试样表面的铁及各种合金元素也有会由于溅射脱离试样，等离子轰击后，H13 钢试样表面缺陷增多，活性很大，这也是等离子渗氮速度大于气体渗氮的原因.

本文中对不同表面粗糙度的 H13 钢试样进行氮、氢等离子轰击后，其表面状态有明显差异. 首先，在较低的温度(500℃)和较小的氨流量(100 ml/min)条件下，氮扩散进入 H13 钢基体，而表面少有或无氮化物生成;在较高的温度(550℃)和较大的氨流量(250 ml/min)条件下,表面则有氮化物白亮层生成,如气氛中有适当的氧含量,则化合物中含有氧化物,如气氛中含碳,则可能有碳化物出现在化合物层中.其次,相同等离子轰击参数条件下,表面粗糙度对轰击效果有较大影响,当表面粗糙度较大时,等离子轰击将造成更多的表面微观缺陷和起伏,作为触媒促进了水分子的分解和氧的吸附.而表面抛光削弱了这一作用,尽管同样施以等离子轰击,但随后蒸汽氧化速度并没有明显提高.

4.4.2 H13 钢热作模具表面氮氧复合处理机制及其可行性

4.4.2.1 氧氮处理的特点

第二章中已介绍氧氮复合处理在国内各种工具、零件及不锈钢上得到了广泛应用[10-17],这些应用都建立在气体渗氮的基础上.上述氧氮复合处理工艺主要基于以下理论:预氧化生成的氧化铁薄膜将在还原性的渗氮中被还原,而新鲜的铁具有更好的催化吸附作用,从而加速了渗氮进程.但等离子渗氮时活性氮的形成和附着过程明显不同于气体渗氮[18].

H13 钢经蒸汽氧化,表面将形成比较完整、致密的氧化膜.在等离子渗氮过程中,这层氧化膜由于等离子轰击而被消耗.尽管粗糙的氧化膜表面能附着更多的活性氮,但根据元素周期律,由于氮的电负性小于氧,所以附着在氧化膜表面的活性氮难以与氧争夺获得铁离子,也就难以形成氮化物.因此,氮也不可能以反应扩散的方式通过表面氧化膜进入 H13 钢基体.气相中的氮可与溅落的铁离子化合生成氮化物,故随着氧化膜的减薄,试样表面可观察到少量的不连续的氮化物.

通常铁的氧化物相具有很低的分解压,即氧势很小,所以氧化膜很稳定.但等离子渗氮条件下,氨分解产生的大量氢使气氛具有强烈的还原性质,降低了气氛中的本来就比较低的氧分压;而且氧化膜在各种阳离子轰击作用下发生铁离子溅射,加速了氧化膜的分解,促进了氧与氢化合. 随着时间的延长氧化膜将逐步被分解.

当气氛中有硫存在时,由于硫具有比氮更大的电负性. 所以与氮不同,硫不仅在气相中直接与铁离子化合而形成了硫化物,而且附着在氧化膜表面的硫还可能与氧争夺氧化膜中的铁离子和其它阳离子. 在 H13 钢氧化膜被逐步消耗的过程中,硫化物在逐步生长. 硫化物的生长与气氛组成有很大关系,当气氛中氨的比例过高时,由于气氛的还原性太强,硫将被氢还原而难以与铁形成化合物. 当氨的比例过低时,由于二硫化碳的电离能力较差,辉光将不稳定,同样难以形成硫化物. 试验表明,H13 钢表明进行硫氮碳共渗时合理的氨与二硫化碳气氛组成(体积)比为 10∶1～5∶1.

H13 钢蒸汽氧化处理后,采用硫碳氮共渗处理,由表及里可获得硫化物层、氧化物层的复合组织. 但要获得这种组织,等离子硫碳氮共渗工艺参数必须要与蒸汽氧化工艺匹配,包括温度、时间、气氛等,在实际热作模具上,该工艺的实施比较困难. 而且,只有当氧化膜全部消耗后,氮才能扩散进入 H13 钢,这样就失去了氧氮复合的意义,而此时获得的硫化物＋氮扩散层的表层组织,与采用离子渗氮＋等硫碳氮共渗获得的组织相似,但后者工艺更简便.

4.4.2.2 氮氧处理

试验过程中曾经尝试等离子条件下 H13 钢的氧化试验,分别采用空气和氧气作为等离子氧化气氛. 结果试样表面获得的蓝灰色的氧化膜都很薄,延长等离子氧化时间,氧化膜厚度几乎没有增长,在纯氧气氛条件下,有时试样表面局部会出现疏松的暗红色的 Fe_2O_3 斑点. 由于等离子氧化效果不好,所以没有深入研究.

等离子渗氮时,由于阳离子的轰击溅射作用,H13 钢试样表层缺陷增多,表面被活化,粗糙度增大,使表面更容易接受氧,并且表层缺陷的增加促进了氧的内部扩散. 试验表明,等离子热处理时电压越高、气氛压力越高、温度越高,等离子轰击活化作用越强,其后促进氧化的作用越明显.

等离子渗氮工艺参数的发生变化后,原始 H13 钢表面组织是不同的,主要在于氮化物层的厚度,以及氮化物层出现与否.由于氧的电负性比氮大,氧化处理过程中,氧争得了铁离子,使试验表面的氮化物转变为氧化物.蒸汽氧化将逐步使表面的氮化物转变为氧化物,显微组织观察和成分分析充分证实了这一变化.

通常,对以热疲劳为主要失效形式的热作模具,渗氮形成的氮化物层是有害的,在等离子条件下,采用较低的渗氮温度或低氮势渗氮基本可避免氮化物层的出现,但通常氮扩散层的厚度较小,所起到的强化效果有限.对表面要求高强度,又不希望有白亮层出现的热作模具而言,可先在较高的温度和氮势下获得较厚的扩散层,然后进行氧化处理消除表面的氮化物层,以提高模具表面抗热疲劳性能.

H13 钢表面等离子轰击后,即便没有氮离子的渗入,随后氧化速度也可以明显提高.低氮势下形成适当厚度氮扩散层,而后表面可生成较厚的氧化膜,这对压铸模寿命和使用性能的提高具有积极意义.采用低压气体渗氮＋低压空气氧化则是更为简易的工艺方法,但气体渗氮速度大大低于等离子渗氮,工艺时间要长得多.但相对与前者,该工艺可在同一炉中进行,成本可以更低.

对于氧化和氮化的复合,国外研究主要集中在先氮化、后氧化的技术路线上.英国的卢卡斯公司较早开发了 NITROTEC(气体渗氮-氧化)技术,1985 日本引进后,由于表面良好的摩擦学性能和抗腐蚀能力,而在结构钢零件上得到了非常广泛的应用[19],英国在此基础上还发展了 Nitrotec S 和 Nitrotec C 技术[20].德国近年来发展了 PLASOX(等离子渗氮-氧化)技术[21-23],与前者相比,该技术几乎没有污染.钢铁零件的氮氧复合处理主要集中在对其复合组织的摩擦学和耐腐蚀性的研究上[24-29],氮氧复合处理后的零件表面浸润高分子材料,能抗腐蚀性能数倍增[19,28].热作模具钢的氮氧复合处理同样开始受到重视[29].

4.5　小结

通过本工作发现:

1) 在常压空气中、$500\sim600℃$ 温度范围内，H13 钢表面将形成连续、完整的含铬 Fe_2O_3 薄膜，由于氧和各种阳离子在这层氧化膜中的扩散速度相当缓慢，所以，H13 钢在空气中具有良好的抗氧化性. 这是由于高氧分压条件有利于 Fe_2O_3 相的生成，表面连续的 Fe_2O_3 层，阻止了氧的进入和具有较快生长速度的 Me_3O_4 相生成. 在适当的氧分压条件下，Fe_2O_3 相的生长相对受抑制，Me_3O_4 相具有较大的生长速度，所以一定的低压空气条件下，H13 钢反而具有较大的氧化速度.

2) 尽管 H13 钢氧化使表面粗糙度增大，附着活性氮的能力增强，但是由于氮的电负性小于氧，无法争得氧化膜中的铁离子形成氮化物；在气相中能与被溅射的铁离子形成氮化物，并回到在试样表面. 氧化膜在等离子热处理过程中将逐渐被消耗，尤其是在大的氨流量情况下，由于气氛还原性的增强，氧化膜消耗速度将加快.

3) 等离子轰击将增加 H13 钢表层的缺陷，使表面活性得到提高，使随后氧化过程中氧的附着和扩散速度加快，提高了氧化速度. 等离子轰击温度、电压和气压是影响轰击活化效果的主要因素.

4) H13 钢等离子渗氮形成的表面白色氮化物，将在随后的氧化过程中逐步转变为灰色的氧化物，这是由于氮化物中的铁离子为氧所获得，氮化物发生分解. 这一特点可以应用在表面强化要求高，但又不希望出现对热疲劳性能有害的氮化物层的场合.

5) 通过调整等离子渗氮温度、氮势、时间等参数，可控制 H13 钢表面氮扩散层厚度和浓度梯度，提高钢的热强性和热疲劳性能；H13 钢的合理渗氮温度 $520\sim560℃$ 为宜，针对热强性要求高的热作模具，可采用较高温度，并采用大的氨气流量，（如 500 ml/min），时间 $3\sim5$ h. 针对截面大、热冲击频繁的模具，宜采用较低温度，较小氨气流量（如 100 ml/min），$2\sim4$ h. 随后表面氧化处理能改善模具的抗熔损性能、润滑性能. 等离子渗氮＋蒸汽氧化复合工艺对压铸模寿命提高很有潜力. 与之相比，低压气体渗氮＋低压空气氧化是一种简易的氮氧复合处理工艺.

第五章　表面处理对 H13 钢热疲劳性能的影响

5.1　模具钢热疲劳性能和研究方法

5.1.1　影响模具钢热疲劳性能的因素

热作模具在使用过程中表面将逐步形成网状的龟裂,并逐渐粗化,直至工件的光洁度不能满足要求,模具就报废了.这种热龟裂是一个疲劳过程,由温度循环变化产生的热应力所引起,所以称为热疲劳.实际模具疲劳过程中,除了受热应力以外,还受外界机械应力作用.温度循环和应变循环叠加所引起的疲劳,称为热机械疲劳.

国内外不少学者采用各种方法,从金属学、力学等角度研究了不同金属材料的热疲劳损伤,以期最大限度地提高材料的热疲劳抗力.但由于热疲劳损伤涉及温度和应力循环、蠕变、高温氧化等多种因素,目前大部分研究都侧重定性的对比分析和规律的总结.

一般认为,热疲劳属于低周疲劳范畴[1].所谓低周疲劳,即材料在接近或高于其屈服强度的循环应力的作用下,低于 $10^4 \sim 10^5$ 次塑性应变循环产生的失效.低周疲劳与高周疲劳的区别主要在于塑性应变的程度,低周疲劳过程中的应力和应变不成正比,应变是研究低周疲劳的主要参数.

进行低周疲劳预测时,可采用以下几种形式的应变-寿命曲线[2]: $\Delta\varepsilon_p - N$ 曲线,$\Delta\varepsilon_t - N$ 曲线,$\Delta\varepsilon_a - N$ 曲线.其中 $\Delta\varepsilon_p - N$ 曲线所反映的就是著名的 Manson-Coffin 关系式:

$$\Delta\varepsilon_p - N^z = C \qquad (5-1)$$

式中，$\Delta\varepsilon_p$—塑性应变范围；N—疲劳寿命（循环数）；C、z—材料常数. 常数 C 与断裂延性 ε_f 有关，约 $0.5\varepsilon_f \sim \varepsilon_f$，其中 $\varepsilon_f = \ln[1/(1-\varphi)]$，$\varphi$ 为断面收缩率.

　　根据 Manson-Coffin 关系式，一般认为，对于低周疲劳，材料的塑韧性比强度更为重要. 在同一应变水平下，塑韧性好意味着较长的疲劳寿命，这是因为良好的塑韧性可以使应力得到松弛，这是提高模具钢热疲劳性能的重要理论依据. 本文第一章文献综述中已阐明，提高模具钢延性的途径包括：提高钢材纯净度、避免粗大碳化物的出现，提高组织均匀性；提高模具钢塑性的方法有：优化模具钢的化学成分，马氏体组织强韧化、避免碳化物沿晶析出、晶粒与组织的细化等[3].

　　同时，对于实际使用的模具，强度同样重要，因为良好的塑韧性提高热疲劳寿命的前提条件是在相同应变水平. 在一定的热循环条件下，高强度意味着更小的塑性变形，根据 Manson-Coffin 关系式，减小应变幅度同样可以提高疲劳寿命.

　　所以对于成分确定的热作模具钢 H13，必须优化其强度与塑韧性的组合，才能获得良好得到热疲劳抗力. 模具钢的显微组织和性能，以及热循环过程中发生的回火、循环软化等行为决定了模具钢的热疲劳性能[4]. 实践和研究均表明，提高淬火温度有助于热疲劳性能的提高，高温淬火使更多碳化物溶解，提高了马氏体中碳和合金因素的含量，使其具有更高的初始强度和回火稳定性[5,6]. 强度的提高，减小了热循环过程中的应变幅度，回火稳定性的提高，使钢能更长时间的保持高温强度. 淬火温度的提高，减少了未溶碳化物的数量，并使其形状更趋球化，减少了热裂纹在碳化物与基体相界面处的形核几率及优先扩展途径[4]. 但淬火温度的提高，奥氏体晶粒长大，晶界变得平坦，降低了模具钢的韧性，这使得裂纹更容易扩展，所以，淬火温度的提高要适当.

　　模具钢热循环过程中组织变化将引起强度的降低，目前认为这一软化过程有以下几种机制[7,8]：热循环过程中，材料发生回火，马氏体基体逐步分解,碳化物聚集长大,热应变促进了这一过程的进行;热循环过程中的动态回复和动态再结晶使热应力作用下增加的位错密度减小,位错重新分布成更稳定的组态,使结构中的畸变消除导致钢的软化;热循环过程中,割阶位错的移动而留下的许多空位运动到晶界、亚晶界和相界附近积累,使晶界及第二相附近的应力场松弛,塞积位错开动,引起循环软化;热循环使表面合金元素贫化,加剧了循环软化.

模具钢基体的组织类型、晶粒尺寸,第二相粒子的类型、大小、数量、形态和分布等不同程度地影响模具钢地热疲劳性能.各相界、晶界往往是热疲劳裂纹的起源部位,模具钢的高强度、高韧性有利于抑制裂纹的萌生,而模具钢良好的延性、塑性有利于抑制裂纹的扩展.所以,影响模具钢热疲劳抗力的关键因素为[9]:高的高温屈服强度;良好的回火抗力;高的塑性;高的导热性;低的膨胀系数.

表面处理技术通过改变模具的表层组织,从而改善模具的表面性能,包括耐磨性、耐蚀性、抗氧化、抗熔损以及热疲劳性能,以提高热作模具的寿命和使用性能.

通常表面处理后,表面强度的提高对模具热疲劳抗力的提高是有益的,但表面组织韧性的下降,尤其是由于表层与基体膨胀系数的不匹配所引起的热循环过程中的附加应力,会加速热疲劳的进程.温度循环幅度大的场合,这种负面影响更为显著.

表面处理的模具或试样初始状态下表面呈压应力状态,残余压应力对抑制热疲劳裂纹产生是有益的,对模具表面热裂纹影响最大的拉应力出现冷却过程中心表温差最大的时候[10],这一拉应力的大小及其变化对模具热疲劳行为有重要影响.热作模具如压铸模在服役几百模次后,表面的初始残余压应力将转为残余拉应力[11].在某些情况下,残余压应力能保持相当长的时间,这时对热疲劳裂纹的形成和扩展有抑制作用.

鉴于表面处理对热作模具耐磨性、抗氧化、抗腐蚀性等多方面性能的提高是有利的,而且提高的原因和机理也比较明确.所以本章重点研究表面处理对模具钢热疲劳性能的影响,研究何种工艺对模具钢的热疲劳性能有利,其前提条件是什么.

5.1.2 模具钢热疲劳性能研究方法

热疲劳性能是热作模具钢的重要性能指标之一,热疲劳问题的许多方面还处在探索阶段,许多研究工作还只停留在定性对比阶段[12].测试模具钢的热疲劳性能尚无统一的试验方法.

利用实际模具研究热疲劳性能,不仅时间长费用高,而且由于实际工况下的影响因素众多,结果分析比较困难.所以国内外一般都采用试样进行热疲劳模拟试验研究,目前国内外典型的热疲劳模拟试验方法及特点如表 5.1 所示[1, 2].

表 5.1 典型热疲劳试验方法及特点

试 验 方 法	优 点	缺 点
盐浴炉循环加热法	试验方法简单	实际操作麻烦,费时
火焰加热法	可装载不同材料的试样同时进行试验,方便灵活	加热温度较难控制
Coffin 型热疲劳试验法	可进行热疲劳、热机械疲劳试验	装置复杂、成本较高
Uddeholm 型热疲劳试验法	接近实际工况,方法简便,速度快	有效区域偏小

其中,Uddeholm 型自约束热疲劳试验法由于比较接近模具的实际工况,能较好地反映模具材料的热疲劳抗力,由于整个试验过程基本实现了自动控制,因此这种方法操作简便,易于控制,人为因素造成的误差比较小.

本文采用的 Uddeholm 型热疲劳试验装置如图 5.1 所示,主要由三部分组成,包括高频感应加热系统、水冷系统和加热-冷却自动控制系统.试验过程如下,接通电源,通过控制器输入热疲劳试验的加热、冷却参数;装上试样,开启感应电源;启动控制器开始按钮,感应电源加热试样;加热完毕,控制器切断感应电源,同时打开电磁阀,对试样进行喷水冷却,冷却到设定时间后一个循环结束,由计数器记录循环次数,热疲劳试验控制示意图如 5.2 所示,加热、冷却和计数过程都由控制器控制完成.

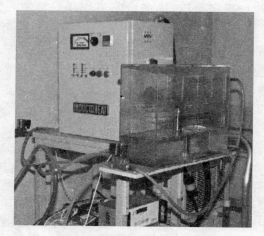

图 5.1　试验用 Uddeholm 型热疲劳装置

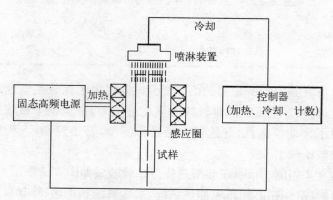

图 5.2　热疲劳试验控制示意图

Uddeholm 型热疲劳试样为圆柱形,并磨出一观察平面,其精确尺寸如图 5.3 所示.一定热循环次数后,通过观察试样小平面中部的热疲劳裂纹发展状况,判断热疲劳性能的优劣.

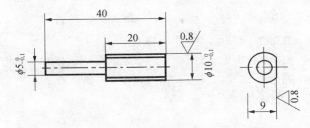

图 5.3　Uddeholm 型热疲劳试样尺寸

5.2　不同表面处理 H13 钢的热裂行为研究

5.2.1　热疲劳龟裂和应力分析试验

热疲劳试样采用优质 H13 钢,淬回火后获得 47 HRC 的硬度,然后分别进行 550℃ 3 h 等离子渗氮(H13 - N:表面无白亮化合物层,H - 13N+:表面有白亮化合物层)、550℃ 3 h 蒸汽氧化(H13 - O)及 550℃ 3 h 等离子硫碳氮共渗(H13 - SCN)等不同表面处理(见表 5.2).此外,还有一组渗硼试样(H13 - B),在淬回火前先对试样进行了 850℃ 4 h 的渗硼处理,以及一组未经表面处理的原始淬回火状态的试样(H13).

第一个热疲劳龟裂对比试验,试样包括 H13 - N、H13 - SCN、H13 - B 和 H13 四组(见表 5.2).热循环参数为加热:3.6 s,加热后停 1 s,冷却时间 8 s,冷却后停 1 s;冷却介质:自来水;总循环次数 3 000 次.此条件下的热疲劳试验温度范围为室温⇔700℃,上限温度采用焊接在热疲劳试样上小平面中部的热电偶进行测得.一个热循环过程中,热疲劳试样表面的温度变化情况如图 5.4 所示.

表 5.2 不同试样的表面组织性能

分　类	化合物层 （μm）		扩散层 （μm）	表面硬度 （HV0.3）	热疲劳龟裂 对比试验	热疲劳应力 分析试验
H13 - N		0	80	846	O	O
H13 - N+	氮化物	4	100	1 100		O
H13 - SCN	复杂氮化物	3	118	1 005	O	
H13 - B	硼化物	5	0	1 800	O	O
H13 - O	氧化物	3	0	460		O
H13		0	0	464	O	O

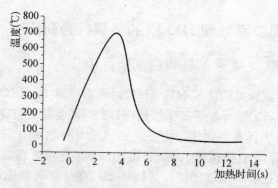

图 5.4 一次热循环过程中试样表面的温度变化

　　热疲劳试验分别在 100、200、400、600、1 000、2 000、3 000 次循环后停顿,将试样放在稀盐酸水溶液中浸洗数分钟,除去待观察平面上的表面氧化皮,然后在连续变倍的体视显微镜下对试样表面的热疲劳裂纹形貌的进行观察和比较,并拍摄照片.表面热疲劳裂纹发展观察完毕后,检测试样的表面显微硬度,并在观察平面中部沿横截面方向将试样剖开,在显微镜下观察裂纹深度方向的扩展情况.

　　第二个热疲劳应力分析试验,试样包括 H13 - N、H13 - N+、H13 - B、H13 - O 和 H13 五组(见表 5.2).热疲劳试验参数同第一个试验,在第一个试验中为便于热裂纹的观察而采用了稀盐酸清洗试样表面,这会对试样表面组织和裂纹发展发生影响,所以本试验中,稀盐酸清洗被取消. 热疲劳进行一定次数后,利用 REGAKU PSP/MSF X 射线应力仪检测了试样小平面中心横向和纵向的应力. 有关试验参数如下,特征 X 射线:Cr kα;衍射晶面:αFe 211;ψo 角:0,15,30,45;应力常数 K:−297 MPa/deg. 文献[11]指出,热作模具表面热应力的变化主要发生在前数百次热循环过程中. 所以,本文选择了分别在热循环 0、50、150、300、600 次检测试样表面的应力.

5.2.2　试验结果和分析

5.2.2.1　热疲劳裂纹的发展

热循环 100 次后,在 H13 试样表面可观察很少的非常细小的皱纹,其它试样上基本观察不到这一现象. 200 次后,同 H13 试样一样,H13 - N 试样上观察到少量细小皱纹,但更细小、均匀. 在 H13 - SCN 和 H13 - B 试样的局部位置观察到了少许皱纹. 400 次后,各组试样上都可观察到细小的微裂纹,但均匀程度有所不同,由高至低依次示 H13 - N、H13、H13 - B 和 H13 - SCN 试样.

热循环 600 次后试样表面的热疲劳裂纹如图 5.5 所示,H13 - SCN 试样显示了明显的网状裂纹,网格内部还可看到小裂纹. 裂纹观察表明,这些试样的表面热疲劳裂纹萌生发生在 200～400 次热循环之间,400 次后裂纹以较快的速度扩展. 600～3 000 次热循环过程中,热裂纹发展的主要特征是,主要裂纹继续明显扩展,而细小裂纹发展缓慢(见图 5.6).

与 H13 - SCN 试样相比,热循环 600 次后,H13 - B 试样表面显示了更多的主裂纹,网状主裂纹间的小裂纹很少,这些主裂纹发展直到试验结束.

相比之下,热循环 600 次后,H13、H13 - N 试样上没有明显的主裂纹,尤其是 H13 - N 试样,600 次到 3 000 次的热循环过程中,所有裂纹都有不同程度的发展,并逐步出现一些主要裂纹.

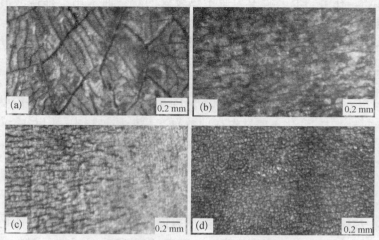

(a) H13–SCN (b) H13–B (c) H13 (d) H13–N

图 5.5 不同表面处理试样热循环 600 次后的表面裂纹形貌

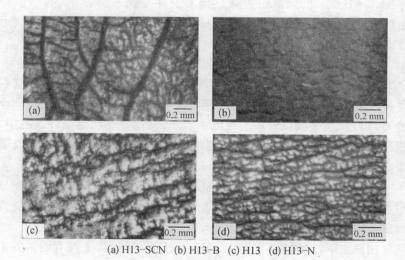

(a) H13–SCN (b) H13–B (c) H13 (d) H13–N

图 5.6 不同表面处理试样热循环 3 000 次后的表面裂纹形貌

　　各组试样热疲劳试验前后的硬度变化如表 5.3 所示,所有试样的表面硬度都有不同程度的降低. H13‑SCN、H13‑B 试样表面因仍有化合物存在,故硬度仍然较高. 相对原始硬度而言,由于热循环的脱氮作用,H13‑N 试样硬度的降低幅度最大,但仍明显高于没有经过表面处理的 H13 试样的硬度.

表 5.3　不同试样的热疲劳试验前后硬度变化

分　　类	试验前($HV_{0.3}$)	试验后($HV_{0.3}$)
H13‑SCN	1 005	862
H13‑B	1 800	1 546
H13	464	303
H13‑N	846	425

　　3 000 次热循环后,不同试样深度方向上的裂纹发展形貌如图 5.7所示,各试样主要裂纹的纵深存在明显不同,H13‑SCN 和 H13‑B试样上主裂纹宽度明显要大于 H13 试样上的主裂纹宽度,而 H13‑N 试样上的主裂纹深度明显小于其它试样. 在 100 倍的金相显微镜下,当试样表面缺口深度超过 $0.013\,\mu$ 时作为裂纹进行统

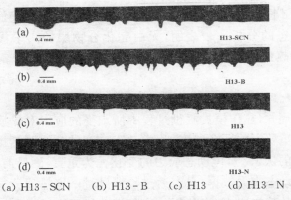

(a) H13‑SCN　　(b) H13‑B　　(c) H13　　(d) H13‑N

图 5.7　不同表面处理试样热循环 3 000 次后的截面裂纹形貌

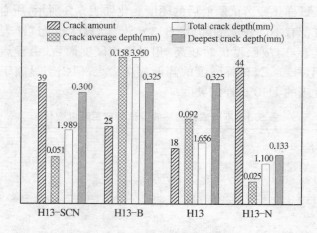

**图 5.8　不同表面处理试样热循环 3 000
次后的截面裂纹统计结果**

计,图 5.8 为各试样截面上裂纹的统计结果,包括裂纹数量、裂纹总
深度、平均裂纹深度和最大裂纹速度.通常对热作模具而言,粗大的
主裂纹对其使用性能和寿命的影响更为显著,所以尽管 H13－N 试
样的裂纹数量较多,但由于其裂纹细而浅,所以其热疲劳性能相对
较好.

　　上述不同试样热疲劳裂纹萌生和扩展,以及最终表面裂纹和截
面裂纹形态的分析比较表明,无白亮化合物层的离子渗氮提高了
H13 钢的热疲劳性能,而等离子 SCN 共渗、渗硼有损钢的热疲劳
抗力.

　　5.2.2.2　热循环过程中的应力

　　众所周知,热作模具服役过程中所承受的应力对热疲劳裂纹的
扩展具有重要影响.热循环过程中动态应变的在线测量提高了对热
疲劳机理的认识[13],但动态应力的变化尤为重要,到目前为止,由于
无法获得动态应力数据,只有通过检测经过一定热疲劳循环周次的
试样表面的静态应力,来分析热疲劳试验过程中试样表面应力状态

的变化.

　　图 5.9 显示了不同试样热循环不同周次后静态应力变化情况. 采用 α - Fe 的 211 衍射峰测得了 H13 - N+、H13 - B 和 H13 - O 试样化合物层下次表层基体的残余应力,这几个试样的衍射峰明显宽化,尤其是 H13 - B 试样. 热疲劳试验前,H13 - N+、H13 - N 试样表面呈现了很高的残余压应力,而 H13 - O、H13 试样表面的残余应力较小,由于热处理工艺过程的不同,H13 - B 试样的表面压应力没有预计的那么高.

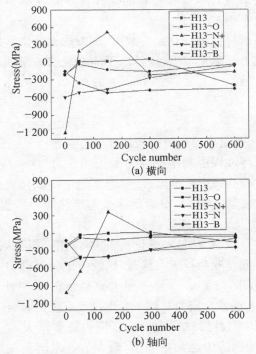

图 5.9　不同试样热循环不同周次后静态应力变化

　　随着循环次数的增加,H13 - N+、H13 - N 试样的表面残余应力都呈下降趋势. 其中 H13 - N+应力下降很快,在 50～150 次热循

环之间,残余应力由压应力转变为拉应力;而 H13 - N 试样的残余压
应力下降幅度缓慢,热循环 600 次后表面仍呈压应力状态. 随着热循
环次数的增加,H13 - B 试样的表面残余压应力有所增加,表面硼化
物层对这一变化有较大影响.

H13 - O 试样与 H13 的表面初始残余应力,以及热循环过程中
的残余应力的变化趋势比较接近. 这一现象表明,与其它表面处理工
艺相比,氧化处理对热循环过程中试样应力-应变状态的影响较小. 这
是由于与其它化合物相比,氧化膜的强度、硬度与基体比较接近,尽
管由于其膨胀系数与基体有差异而同样存在附加应力,但其影响比
其它化合物要小得多.

图 5.9 各试样应力变化趋势表明,随着热循环次数的增加,各试
样表面残余应力都越来越小,这是由于随着裂纹的发展,表面应力逐
步得到释放.

5.2.3 讨论

5.2.3.1 热循环过程中的周期性动态应力

尽管热循环过程中的动态应力难以测定,但这一应力的变化是
控制热疲劳过程的一个重要因素. 室温下测定的试样表面残余应力,
有助于分析这一动态应力,以便更好地理解热应力所引起的试样内
部的应力-应变及表面热疲劳行为.

通常由于马氏体相变和温度变化的作用,淬回火后的圆柱形
H13 钢试样表面呈残余拉应力状态. 热疲劳试验过程中,经过一定热
循环周次后,试样内部将达到一种大致稳定的周期性动态应力状
态[12],表面最初的残余应力对这一变化过程有重要影响.

加热过程中圆柱形试样表面的压应力逐步增大,当温度梯度达
到最大值时,表面应力达到最大值,最大值通常出现在加热终了、表
面温度最大时刻(如图 5.10). 图 5.11 为圆柱形热疲劳试样截面上的
动态应力变化示意图. 加热过程中,由于表面压应力而引起的塑性变
形被认为是热疲劳裂纹的原始动力[10]. 冷却过程中随着温度的降低,

试样表层由于收缩快于心部而转变为拉应力状态(图 5. 11b),这一拉应力是热疲劳裂纹萌生和发展的直接驱动力. 在室温下测量试验表面的残余应力时,试样上已没有温度梯度,表面残余应力可能为拉应力(图 5. 11c),也可能为压应力(图 5. 11d),这取决于试样的原始应力状态、试验条件、试样的组织变化与塑性变形等多种因素,其中加热时表层的塑性变形程度的影响尤为重要.

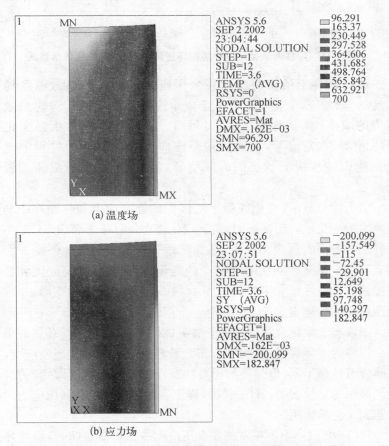

(a) 温度场

(b) 应力场

图 5. 10　圆柱形热疲劳试样二维有限元模型

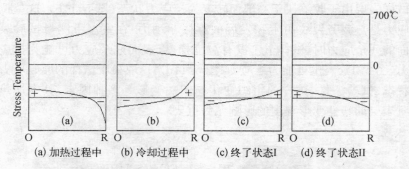

700℃

Stress Temperature

0

+   −
     −   +   +   −

(a)   (b)   (c)   (d)

O   R O   R O   R O   R

(a) 加热过程中   (b) 冷却过程中   (c) 终了状态I   (d) 终了状态II

图 5.11　圆柱形热疲劳试样热循环过程中温度-应力变化示意图

　　H13 试样上最初的表面残余压应力将增加加热时温度梯度引起的塑性应变,这一压缩应变会导致循环下限(室温)时残余压应力的减小,甚至造成拉应力. H13 - O 试样的应力状态变化同 H13 相似. 在室温下,表面的残余压应力意味着冷却过程中试样表面能保持压应力状态的时间更长,因此,裂纹的形成和发展受到抑制.

　　应力检测显示,氧化膜似乎对试样的原始应力和热循环中的周期应力的变化没有明显影响,而其它化合物具有显著影响. H13 -N+ 试样最初表面的压应力最大,热循环过程中应力的快速下降表明试样表面发生了显著的组织和应变的变化. 氮化物层的高硬度和低热膨胀系数的特性增加了加热过程中 H13 钢基体的压缩变形,导致残余压应力的快速丧失.

　　而没有表面化合物层的离子渗氮试样 H13 - N,热循环过程中的残余压应力下降缓慢. 氮扩散层膨胀系数的提高将强化压缩应变,这对热疲劳性能不利,但强度的提高将减小塑性变形程度. 热疲劳裂纹受到抑制的结果表明,H13 - N 试样上表面强度的提高和压应力的加强起到了主导作用.

　　H13 - B 试样上不正常的残余压应力变化可能意味着,热循环过程中由于硼化物层的作用表层发生了很大的拉伸应变.

5.2.3.2 不同试样热裂纹的萌生和扩展

Malm 和 Norstrom[14]认为材料热循环时的塑性应变幅与力学性能之间存在如下关系式：

$$\varepsilon_p = \alpha(T_2 - T_1) - \frac{(1 - \eta_2) \cdot \sigma_2}{E_2} - \frac{(1 - \eta_1) \cdot \sigma_1}{E_1} \qquad (5-2)$$

式中，ε_p 为塑性应变幅，η、σ、E 分别为泊松比、屈服强度、弹性模量，1，2 分别代表温度 T_1、T_2. 式(5-2)表明，高热疲劳抗力材料应具备低热膨胀系数，低泊松比，高屈服强度.

表面强度的提高是表面陶瓷涂层提高热作模具钢热疲劳抗力的重要因素之一[14]，此外由表面处理而引起的表面压应力也是热疲劳抗力提高的重要原因[15]. 表面涂层对热疲劳抗力的不利因素表现在膨胀系数的不匹配，即表面化合物层通常加强了模具钢表层加热时所受的压应力，增加了残余压缩变形，从而提高了模具钢裂纹萌生和扩展的原始驱动力.

温度变化引起的热作模具钢内部周期性应力状态的变化. 此外，热裂纹的萌生和扩展受到试样内部组织和性能变化的影响. 试样组织和性能的变化与周期性变化的温度和应力状态有很大关系，模具钢组织逐步发生回火软化、塑性应变损伤.

如果模具钢承受的热循环温度较低，回火软化、塑性应变损伤过程缓慢，则模具将具有很高的热疲劳寿命. 对于不同的热作模具钢，当热循环温度差低于其热疲劳损伤的临界温度差时，寿命趋向于无限大[16,17].

本文所采用的热疲劳试验的循环温差要高于模具实际使用时的循环温差，试验初期，H13 和 H13-O 试样表面均匀、细小的微裂纹反映了试样表面的应力分布和应变比较均匀，而 H13-SCN、H13-B 试样表面微裂纹较少是由于试样表面化合物层硬度很高. 当 H13-SCN、H13-B 试样表面高硬度表面化合物层破碎后，出现了严重的应力和应变的集中，所以这些部位的主裂纹快速扩展，而微小裂纹的发展几乎停止. 尤其在 H13－B 试样上,基本只有主要裂纹的扩展. 上述裂纹萌生和发展过程表明:热循环初期,在 H13 钢基体未明显损伤前,表面处理试样,尤其是表面具有高硬度化合物层的试样由于其高强度的原因,试样表面较晚出现热裂纹. 表面陶瓷涂覆的热作模具钢的热疲劳行为的主要特征是热裂纹数量少[18],一定热循环条件下的累计损伤集中到少数主裂纹上,必然造成裂纹的快速发展,所以降低了热疲劳抗力[19].

H13 试样上应力集中程度相对较小,细小裂纹也得到一定程度的发展,而 H13－N 上的主裂纹不明显,热疲劳过程中,几乎所有裂纹都逐步得到发展.

3 000 次热循环疲劳试验后,不同试样的截面裂纹宽度如图 5.7 所示,H13 试样的主裂纹相当尖锐,而其它表面处理试样裂纹宽度很大. 主裂纹宽度实际上一定程度上反映了试验过程中试样表面的应变程度,表面扩散层或化合物层与模具钢基体之间膨胀系数的差异是根本原因,并导致了裂纹宽度的增加. 所以,表面处理造成的试样心表膨胀系数的差异将损坏模具钢的热疲劳性能,但是氮扩散层的梯度分布特点降低了这一不利因素,而其高强度和良好的回火抗力[20]对热疲劳抗力有利.

实际热作模具使用过程中,少量粗大的热疲劳裂纹通常比量多但细小的裂纹更具危害性. 所以本试验中,经优化的无白亮化合物层生成的等离子渗氮工艺是提高模具寿命的合理选择. 优化热作模具,尤其是压铸模具的表面渗氮工艺技术[21-26]和有关设备的研究[27],一直是多年来国内外热作模具技术研究的重要课题.

本文试验表明,氧化膜对热循环过程中的应力状态影响较少,同时氧化膜将提高模具的抗腐蚀和抗熔损性能. 所以,对热作模具而言,氮氧复合表面处理可能是一种有前途的表面改性技术.

5.2.4　小结

1) 热疲劳试验过程中试样表面静态残余应力的变化能一定程度

地反映周期性动态应力的变化. 无化合物层的等离子渗氮试样能使表面较高的残余压应力保持更长的时间,而试样表面的化合物层明显减弱热循环过程中的压应力,氧化处理对 H13 钢试样表面应力状态变化的影响并不明显.

2）表面无化合物的等离子渗氮工艺提高了模具钢的热疲劳抗力,这主要归功于试样表面有效的压应力状态,以及提高的强度;而等离子 SCN 共渗试样、渗硼试样,由于心表膨胀系数的显著差异导致热循环过程中应力状态的恶化,是热疲劳抗力降低的主要因素.

3）热疲劳试样表面高硬度的化合物层,容易引起热循环过程中应力的集中,并导致不均匀裂纹的形成和快速扩展.

5.3   氧化处理对 H13 钢热疲劳行为的影响

5.3.1   试验方法和过程

前文 5.3 节热疲劳过程中的应力分析表明,与其它表面处理工艺相比,氧化处理对 H13 钢热循环过程中应力状态的影响要小得多,这说明氧化膜对热疲劳性能的影响比较小. 为明确氧化膜对 H13 钢热疲劳行为的影响特点,以及不同氧化工艺对模具钢表面形态和裂纹形成影响上的差异,进行了本试验.

各 H13 钢热疲劳试样采用蒸汽氧化处理,编号同第三章相同工艺的性能分析一样,为 Y1 - Y6,具体工艺见表 3.4,试样氧化处理前都手工磨至 02♯ 金相砂纸.

氧化后采用前文 5.2 节中所述的热疲劳试验设备和方法进行试验,鉴于表面处理对模具热疲劳行为的影响主要体现在热循环早期,故总的循环周次为 600 次. 分别在热疲劳试验进行至 10、50、100、200、400 及 600 次后,在 Nikon ECLIPSE L150 型体视显微镜下观察试样表面状态的变化和裂纹的形成,为观察氧化膜的变化,试验过程中不进行酸洗. 最后用稀盐酸洗去试样表面的氧化物,观察表面裂纹情况. 采用 Nikon COOLPIX995 数码照相机拍摄试验过程中试样的表面形貌.

氧化处理 H13 钢的热疲劳性能试验按循环上限温度分成两大组,循环上限温度分别为 650℃ 和 700℃.

作为比较,同样分析了未经表面氧化的 H13 钢热疲劳试样热循环过程中的表面形态的变化,试样编号为 Y0.

5.3.2   试验结果和分析

经过蒸汽处理的 H13 钢热疲劳试样在经历了 10 次热循环后,表面氧化膜均出现不同程度的起皱现象,表现为形状各异的几何图形和细划线,这种起皱形态与感应加热磁力线的分布有一定关系,即多数与磁力线方向一致. 在 100 次热循环以后,随着热循环进行,有的试样表面皱褶加深,或者出现微裂纹. 200 次热循环后,在未酸洗情况下,多数试样表面大致可以观察到热裂纹.

热疲劳试验过程中,氧化处理 H13 钢试样表面形貌的典型变化过程如图 5.12 所示. 当上限温度为 700℃ 时,Y2 试样 10 次热循环后表面就可观察到微小的皱纹;50 次循环后试样中部出现不均匀氧化,表面氧化膜上的皱纹增多;随着循环次数继续增加,试样上的微小起皱部位越来越多,不均匀的严重氧化区域逐步增大,最后 600 次时,整个观察面都已严重氧化.

与氧化处理试样相比,未经氧化的 H13 试样表面不均匀氧化速度较快(见图 5.13、图 5.14),在热循环 100 周次前也有微小起皱发生,100 次后局部不均匀氧化比较严重. 其中图 5.13 所示的未抛光试样 50 次热循环后,表面磨痕发生明显氧化,出现暗红色的铁锈;600次表面严重氧化、氧化膜大量脱落. 而图 5.13 所示的抛光试样,100次后试样局部已严重氧化,并有裂纹萌生迹象,对比 600 次后及试验清洗后的表面形貌,可见该试样早期出现的不均匀氧化,与热疲劳萌生和发展有很大关系.

感应加热在试样上形成的温度场是不均匀的,最高温度出现在试样中部的表面. 未经氧化处理的 H13 钢试样表面抗氧化能力较差,

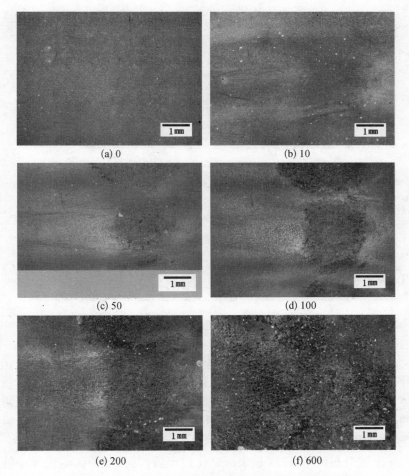

(a) 0   (b) 10

(c) 50   (d) 100

(e) 200   (f) 600

图 5.12　Y2 - 700 试样热循环不同周次后表面形貌的变化

在温度、空气和冷却水的共同作用下,表面容易发生氧化,这种氧化不均匀,且形成的氧化膜疏松易破裂,所以氧化速度比较快. 循环上限温度升高,试样的不均匀氧化更严重,颜色变深,裂纹发展也变快,数量增多.

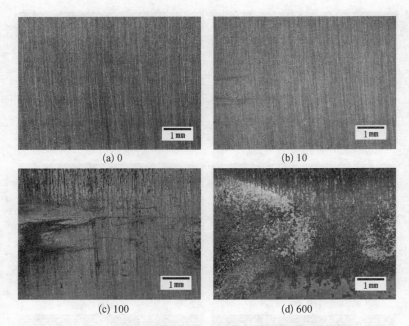

(a) 0   (b) 10

(c) 100   (d) 600

图 5.13　Y01‑700 试样热循环不同周次后表面形貌的变化

　　蒸汽处理试样表面致密的氧化膜提高了抗氧化能力,因此热循环初期试样的氧化速度较慢. 一定循环次数后出现皱纹,这是由于基体上附着的氧化膜与基体膨胀系数的不同所造成. 随着热疲劳试验的进行,在冷却水和空气,以及应力-应变的作用下,原始氧化膜严重受损,试样不均匀氧化趋于严重.

　　上述分析可见,H13 钢表面氧化处理后,其热疲劳试验过程中的表面氧化行为发生了明显的变化,试样表面的不均匀氧化变得缓慢. 前文 5.2 节中显示,表面化合物层在热循环早期的变化,几乎决定了试样热疲劳裂纹的萌生和扩展行为. 同样必须关注氧化膜在热循环早期发生的起皱、破裂行为与热疲劳裂纹间的关系. 由于观察试样热循环一定周次后的表面微裂纹萌生和发展状况,必须酸洗试样,这会造成试验的中断. 所以,通过比较各试样热循环过程中表面形貌变

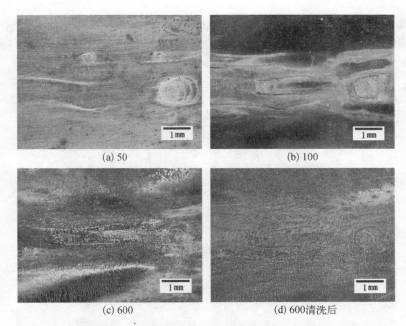

图 5.14 表面抛光 Y02 - 700 试样热循环不同周次后表面形貌的变化

化、及最终试样表面的裂纹,来分析氧化膜变化与热裂纹之间的关系.

分别对比图 5.15 与图 5.18c 的 Y3 - 700 试样、图 5.16 与图 5.19e的 Y5 - 650 试样,以及图 5.17 与图 5.19f 的 Y6 - 650 试样,可

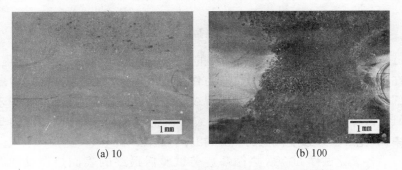

图 5.15 Y3 - 700 试样热循环一定周次后的表面形貌

见 H13 钢表面氧化处理生成的氧化膜在热疲劳过程中的起皱现象，以及开裂现象，与试样表面裂纹的热裂纹的形成和发展并没有密切关系. 其它试样也样存在这一现象.

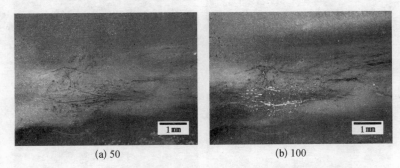

(a) 50 (b) 100

图 5.16 Y5－650 试样热循环一定周次后的表面形貌

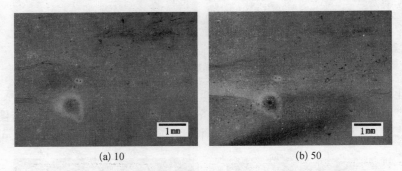

(a) 10 (b) 50

图 5.17 Y6－650 试样热循环一定周次后的表面形貌

上述这一现象是因为氧化膜的强度并不超过 H13 钢基体强度，在小于 H13 钢基体强度的热应力作用下，氧化膜内就可能在其薄弱部位发生起皱、开裂，这对基体裂纹萌生和发展没有直接影响. 同未氧化试样相似，氧化处理 H13 钢裂纹萌生在表面缺陷处，即应力集中、氧化严重或强度偏低的晶界、相界等部位.

各氧化试样 600 次热循环疲劳试验后最终的表面热裂纹如图 5.18和图 5.19 所示，不同氧化膜对热龟裂的影响没有明显差异. 其它条件相同的前提下,热疲劳裂纹的严重程度主要与循环上限温度密切相关,上限温度越高,热循环应力-应变幅度越大,试样回火程度越严重,热疲劳裂纹产生就越高、发展速度也越快.

分别比较图 5.18、图 5.19 中各试样的热裂纹,发现表面氧化膜较厚的 Y4、Y5 和 Y6 试样的热龟裂程度相对其它试样要轻,这可能是由于氧化膜对试样的喷淋冷却有一定的缓和作用,从而缓和试样的表面温度场和应力场.

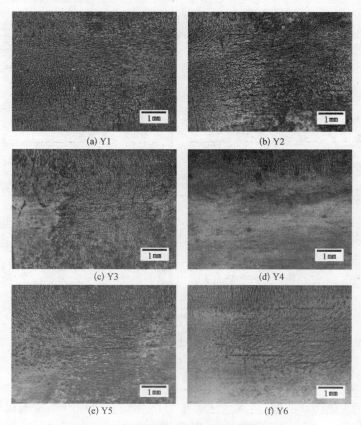

(a) Y1　　　　　　　　　　(b) Y2

(c) Y3　　　　　　　　　　(d) Y4

(e) Y5　　　　　　　　　　(f) Y6

图 5.18　不同氧化 H13 钢试样室温⇔650
热循环 600 次后的表面裂纹形貌

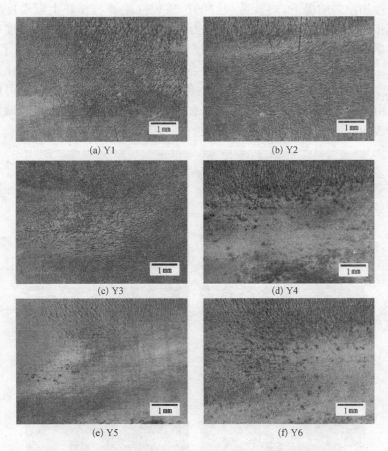

(a) Y1   (b) Y2

(c) Y3   (d) Y4

(e) Y5   (f) Y6

**图 5.19　不同氧化 H13 钢试样室温⇔650 热循环
600 次后的表面裂纹形貌**

5.3.3　小结

1) 热循环初期,蒸汽氧化膜在 H13 钢试样表面有一定的保护作用,减缓了不均匀氧化的发生;随着表面热裂纹的形成、氧化的加剧,氧化膜逐步丧失这种保护作用. 此外,氧化膜对试样的水冷有一定的缓和作用.

2）由于氧化膜强度、硬度并不高于 H13 钢基体，而且膜内存在微观缺陷，所以氧化处理的 H13 钢试样热循环过程中氧化膜内较早出现起皱和开裂，这主要是由于氧化膜于基体在膨胀系数上的差异造成的. 蒸汽氧化膜的起皱和破裂，加速了热循环过程中的不均匀氧化.

3）热循环过程中，表面氧化影响热疲劳裂纹的萌生和发展，但原始氧化膜的起皱和开裂与热裂纹的分布并没有直接关系，热裂纹的发展根本上决定于 H13 钢表面的微观组织状态和性能.

4）表面氧化处理对 H13 钢的热疲劳性能没有明显的影响.

第六章 蒸汽氧化处理 H13 钢的热熔损性能

6.1 热熔损概述

随着铝、镁等有色合金在汽车、摩托车、电器等行业应用的日益广泛,压铸技术得到了更大的重视和研究.

压铸时,熔融金属被高速压射入金属模腔,凝固后可直接形成各种形状复杂的零部件.压铸过程包括五个阶段:倾注、高速注入、高压铸造、铸件顶出、模具冷却和润滑.熔融铝液注入料桶后在活塞的压力作用下被注射进模具型腔,型腔充满速度相当快,一般为 0.1 s 甚至更短.注射速度一般在 40~60 m/s,有时高达 200 m/s.金属在模腔中凝固时所受的压力一般在 40~120 MPa,加压的目的是为了减少气体缩孔、补偿体积收缩,并提高零件尺寸精度.凝固完毕后模腔打开,顶杆将铸件顶出,由机械手或人工将其取走.小型简单的铝压铸件的整个工艺时间一般为 3~6 s,大型铝压铸件则需要 60~90 s.

在被注射进模具型腔,以及之后的高压铸造过程中,芯棒、顶杆、型腔等压铸模组件反复与熔融铝液接触,将引起多种物理、化学反应,模具将发生热熔损现象,并导致焊合的产生.

焊合,是指压铸过程中由于铸件与模具发生相互作用,起模时铸件的一部分保留在模具表面,从而造成铸件表面损伤的一种铸造缺陷.这是压铸生产中一个十分棘手的问题.当型腔表面发生比较严重的熔损、焊合作用时,银白色的铝合金粘附在模具表面,而模具上未粘附铝的地方则呈黑色.压铸过程中的熔损、焊合作用不仅造成了模具的表面损伤,也降低了压铸件的质量.

　　根据形成机理的不同,压铸过程中的焊合可分成两大类[1].第一种焊合,模具与铝合金的表面原子间形成了金属键.这种焊合主要由原子间的化学相互作用形成,即熔损引起焊合,称为物理化学焊合.压铸过程中,铸件与模具形成了相互作用的结合界面,界面结合强度的大小主要取决于模具与铝合金真实接触面积的大小.当结合界面的强度大于铝铸件表层组织的强度时,将形成物理化学焊合,表现为起模时铸件与模具分离于铸件一侧.

　　第二种焊合,铝液在高压作用下注射入型腔时,将渗入模具表面的裂纹内,并发生凝固.使铝铸件与模具间产生机械咬合作用.这类主要由铝铸件与模具间的机械相互作用形成的焊合称为机械焊合,这种焊合在压铸中也很普遍[2].

　　对于刚投入压铸生产的新模具来说,由于液态金属的表面张力,模具表面覆盖的氧化物和涂料以及液态金属的凝固收缩作用,使凝固后的固体铸件和模具间的直接接触面积很少,因而,铸件与模具间发生化学相互作用的原子数很少,不形成明显的焊合现象,但在合金与模具直接接触处,发生 Al 和 Fe 原子的相互扩散.

　　随着压铸循环的继续进行,模具表面的凹陷和凹坑的数量及尺寸增加,金属与模具间的直接接触面积大大增加,模具表面的铝浓度进一步增加,铸件与模具间的化学相互作用大大增加,此时铸件与模具可形成明显的物理化学焊合现象.当模具服役一定时间之后,模具表面形成了大尺寸的裂纹和龟裂,模具与铸件间的化学相互作用与机械相互作用都进一步增强,使得焊合更易于发生.随着裂纹的扩展,机械相互作用进一步增加,模具与铸件间产生了严重的焊合现象,生产出来的铸件已完全报废,模具也不能再继续使用.

　　由此可见,焊合的形成过程可以分为三个阶段[1]:首先,熔融铝液充型时,对模具表面造成冲刷,使模具表面的涂料等被冲掉,裸露出模具基体;接着,铝合金液与模具基体间发生复杂的物理化学作用;然后,铝合金液冷却凝固,并在模具与铸件间形成焊合区,导致焊合的发生.

所以,减缓模具和压铸件之间焊合过程的发生,是提高压铸模寿命、压铸件质量的途径.模具表面润滑、氧化是改善减缓焊合的有效手段[3-5].

各种表面处理和涂覆技术如渗氮、软氮化、渗硼、PVD、CVD、PACVD 等,通过在压铸模表面生成新的化合物层,避免了熔融铝液和模具的直接接触,从而都不同程度地降低了铝液对模具的熔损作用,化合物越稳定,其抗熔损作用越显著,发生物理化学焊合的倾向越小.陶瓷涂层是提高热作模具熔损抗力的有效手段[6-8],此外,陶瓷涂层同时提高了模具表面的耐磨性能,压铸模服役性能和寿命因此得到提高.但由于表面化合物层与压铸模基体在热学和力学性能上的差异,容易导致应力集中,从而降低压铸模更为重要的热疲劳抗力,当热疲劳龟裂严重,机械焊合作用大大增加,反而缩短了模具寿命.在复杂的压铸模型腔上,由于服役过程中的温度和应力变化相当复杂,所以到目前为止,尽管有熔损焊合风险的存在,模具专家和压铸专家大多不建议对压铸模型腔实施表面处理或涂覆[5].

同上述表面处理的效果相似,氧化处理也可以显著提高压铸模的抗铝热熔损性能.第五章的研究表明,与渗氮、渗硼等表面处理工艺相比,氧化处理对热作模具钢热循环过程中的应力变化的影响较小,这也意味着对热疲劳抗力的影响比较小,因此从某种程度上,氧化处理可能是适合压铸模型腔的表面改性工艺.不少研究工作都曾涉及热作模具钢表面氧化组织和性能的研究[2,5,7],但对热作模具钢的氧化处理以及氧化膜对模具抗熔损性能影响的研究报道并不多见.

在实验室条件下,热浸铝加速试验是研究模具熔损焊合现象的有效手段[9],本文分别采用静态(静置)和动态(旋转)热浸铝的方法,对比研究不同工艺条件下获得的表面氧化膜对 H13 钢抵抗铝热熔损的性能影响,探讨氧化膜改善抗铝热熔损的机制,以期开发具有实用价值的氧化工艺.

6.2 热熔损试验方法和过程

6.2.1 试验材料和装置

将退火状态的 H13 钢加工成如图 6.1 所示的圆柱形熔损试样,淬火后两次回火获得 47～48 HRC 的硬度,并精磨除去氧化皮,根据不同要求进行氧化处理. 然后利用图 6.1 所示的热熔损装置进行试验,为保证试样接触铝液的表面积相同,即 $\phi10\times30$ mm 部分,采用石墨保护套保护上半根试样.

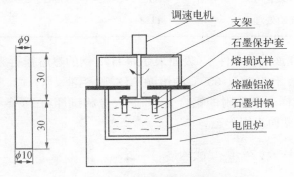

图 6.1 熔损试样及熔损试验装置

试验采用常用的铸造铝合金 ADC12,其化学成分如表 6.1 所示.

表 6.1 ADC12 铝合金的化学成分

元 素	Cu	Mg	Mn	Fe	Si	Zn	Ti	Pb	Sn
含量(wt%)	2.74	0.33	0.25	0.70	10.1	0.60	0.029	0.049	0.043

6.2.2 静态熔损试验

静态熔损试样的表面处理工艺如表 6.2 所示. 熔损试验前,采用精度为 0.1 mg 的分析天平测出不同试样的质量. 然后,将不同类别的试样静置在 700℃的熔融 ADC12 铝液中分别保持 15 min、30 min、1 h、2 h 及 4 h 后取出,采用饱和 NaOH 水溶液洗去粘附在试样上的铝合金,测出试样的质量,比较各试样的熔损情况.

表 6.2　熔损试样表面处理工艺

试样类别	试样号	工艺
蒸汽氧化 1	D2	550℃×2 h 蒸汽氧化
蒸汽氧化 2	D4	550℃×4 h 蒸汽氧化
蒸汽氧化 3	G2	590℃×2 h 蒸汽氧化
未表面处理	H13	—

为研究该试验条件下,表面未处理 H13 钢的热熔损行为,分别将 H13 钢静置于 700℃、650℃的熔融 ADC12 铝液 1 h、4 h. 试验结束后,保留试样表面粘附的铝合金,并制成金相试样,在显微镜下观察分析铁-铝截面组织形态.

6.2.3　动态熔损试验

第一组动态熔损试样表面氧化处理工艺同上述静态熔损试样一样,编号同上,并增加了一组 NS 试样(550℃ × 2 h 蒸汽氧化 + 550℃ ×2 h 等离子硫氮共渗). 动态熔损试验时,试样在 700℃的铝液中以 120 r/min 的速度,旋转半径 25 mm,20 min 后将试样取出,采用上述方法洗去粘附的铝合金后称重.

第二组动态熔损试样编号分别为 Y1－Y6,试样蒸汽氧化工艺见表 3.4. Y1－Y6 每个编号 3 个试样,分别在 700℃的铝液中旋转 10 min、20 min、30 min,温度等其它试验条件同第一组动态熔损试验. 最后,分别测出试样的熔损失重.

作为比较,分别测定了未表面处理 H13 钢试样 700℃动态熔损 10 min、20 min,以及 650℃熔损 10 min 后的失重.

Y4、Y5、Y6 蒸汽氧化试样,分别在 700℃铝液中旋转 10 min 后,保留试样表面附着的铝合金,制成金相后进行组织观察和分析. 同样,对 700℃熔损 10 min,及 650℃熔损 10 min 的未表面处理 H13 钢试样(附着铝)组织进行了分析.

6.3 热熔损试验结果和分析

6.3.1 静态热熔损性能

无论是蒸汽氧化、还是未表面处理的 H13 钢试样,静态熔损试验 后表面的侵蚀都不太均匀,有些部位熔损严重、而有些部位熔损缓 慢,尤其是蒸汽氧化处理试样. 熔损严重的试样,表面包覆的铝合金 需要在 NaOH 溶液中浸泡很长时间才能彻底去除.

四组静态熔损试样热浸 700℃熔融 ADC12 铝液后的熔损失重结 果如图 6.2、表 6.3 所示. 结果表明,蒸汽氧化处理可明显提高 H13 钢 的早期熔损抗力,2 h 以内,各氧化试样 D2、D4、G2 都显示了良好的 熔损抗力. 相比之下,D2 试样从 1 h 到 2 h 时间段内,熔损速度开始明 显增大,而 D4、G2 熔损速度的明显增大出现在 2 h 到 4 h 时间段内.

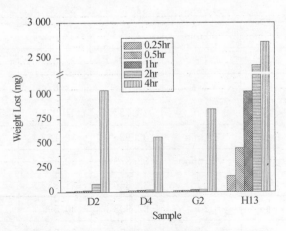

图 6.2 不同氧化试样静态熔损失重对比

表 6.3 不同氧化试样的静态熔损失重

试样工艺与编号		熔损时间	失 重(g)		
			熔损前	熔损后	差 值
D2	11	15 min	32. 879 5	32. 871 8	0. 007 7
	12	30 min	32. 859 7	32. 847 6	0. 012 1
	13	1 h	32. 764 5	32. 747 2	0. 017 3
	14	2 h	32. 763 6	32. 679 1	0. 084 5
	15	4 h	32. 870 9	31. 825 3	1. 045 6
D4	21	15 min	32. 962 8	32. 957 6	0. 005 2
	22	30 min	32. 939 4	32. 926 6	0. 012 8
	23	1 h	32. 974 2	32. 956 6	0. 017 6
	24	2 h	32. 936 1	32. 915 1	0. 021 0
	25	4 h	32. 838 0	32. 273 4	0. 564 6
G2	31	15 min	32. 967 1	32. 954 9	0. 012 2
	32	30 min	32. 836 1	32. 822 5	0. 013 6
	33	1 h	32. 865 1	32. 844 5	0. 020 6
	34	2 h	32. 898 5	32. 874 3	0. 024 2
	35	4 h	32. 787 8	31. 938 5	0. 849 3
H13	41	15 min	32. 925 9	32. 763 4	0. 162 5
	42	30 min	32. 873 9	32. 425 8	0. 448 1
	43	1 h	32. 869 2	31. 837 7	1. 031 5
	44	2 h	32. 993 1	30. 599 7	2. 393 4
	45	4 h	32. 970 0	30. 245 6	2. 724 6

D2、D4、G2 各试样的氧化膜组成基本相同,但 D2(约 2.3 μm)试样的膜厚明显小于 D4(约 3.8 μm)、G2(约 3.7 μm)试样,可见氧化膜的厚度是决定静态熔损性能的主要特征参数.

未表面处理的 H13 钢试样,分别静置于 700℃、650℃熔融 ADC12 铝液中 1 h、4 h 后,这些试样的铁-铝截面的组织如图 6.3 所示.

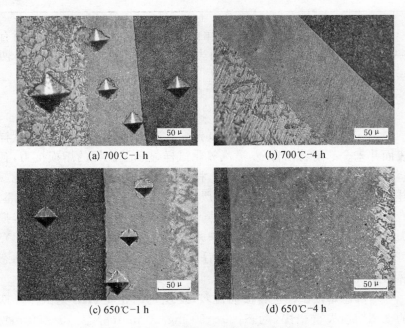

(a) 700℃-1 h

(b) 700℃-4 h

(c) 650℃-1 h

(d) 650℃-4 h

**图 6.3 H13 钢熔损试样不同温度下熔损
不同时间后的铁-铝界面组织**

在模具钢和表面粘附的铝合金之间,明显可观察到一化合物复合层.该层由 Fe - Al 化合物和铝合金混合组成,硬度大约为 440～480 HV,不仅明显高于铝合金 220～250 HV 的硬度,也高于模具钢基体 360～400 HV 的硬度.随着熔损温度和时间的变化,这层化合物复合层厚度将发生明显变化(见表 6.4),厚度随着温度的升高而降低,随着时间的延长而增大.

表 6.4　铁铝间化合复合物层厚度的变化(μm)

	1 h	4 h
700℃	79	114
650℃	96	214

仔细观察,可发现每个试样的化合物复合层与钢交界处有一层厚度大约在 10 μm 左右相当致密的化合物(实际由内外两层组成).

6.3.2　动态热熔损性能

第一组动态熔损试验进行 20 min 后取出试样,各氧化处理试样表面并未全部附着铝合金.蒸汽氧化试样显示了优异的熔损抗力,各蒸汽氧化试样的熔损失重都很小,相比之下 D4 试样的抗熔损性能最佳.未表面处理试样的熔损相当严重,尤其是浸入铝液的试样中部,有一根试样甚至发生了熔断.与蒸汽氧化试样相比,NS 试样的熔损失重相对比较严重,但仍显著小于未表面处理 H13 试样(见图 6.4).可见,H13 钢试样蒸汽氧化处理后进行等离子硫氮共渗有损其动态热熔损抗力.

与静态熔损试样进行横向比较,发现氧化处理 H13 钢试样早期的动态熔损失重稍快(动态:20～30 mg/20 min,静态:10～20 mg/30 min),但基本处于同一水平,而未表面处理试样的早期动态熔损速率的提高则是数量级的(动态:3 510 mg/20 min,静态:448 mg/30 min).

第二组动态熔损试验,即不同蒸汽氧化工艺处理后 H13 钢的熔损失重如表 6.5 和图 6.5 所示,各氧化试样的抗铝合金熔损能力基本相当.随着熔损时间的延长,各试样的熔损量逐步缓慢增加.从统计结果来看,相对于参考工艺 Y3(550℃-0.15 MPa-2 h),升高氧化温度、延长氧化时间,以及降低蒸汽压力都不利于动态抗熔损性能的提高.上述参数变化的共同趋势是使氧化膜厚度增加,而静态熔损时氧化膜厚度提高一般有利于熔损抗力的提高,可见,不同熔损条件下,氧化膜厚度的增加对模具钢抗熔损性能影响是有差别的.

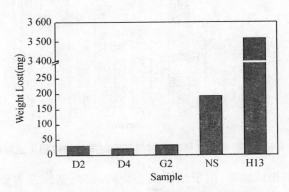

图 6.4　不同表面处理试样的动态熔损失重对比

表 6.5　不同氧化试样动态熔损不同时间后的失重(mg)

时　间	10 min	20 min	30 min	备注:工艺
Y1	8.2	13.9	17.1	550℃-0.05 MPa-2 h
Y2	12.5	25.0	27.3	590℃-0.05 MPa-2 h
Y3	3.5	13.2	17.5	550℃-0.15 MPa-2 h
Y4	14.2	18.6	22.1	550℃-0.15 MPa-4 h
Y5	15.3	22.7	24.2	590℃-0.15 MPa-2 h
Y6	20.9	28.2	30.2	590℃-0.15 MPa-4 h

相比之下,未表面处理 H13 钢在 650℃铝液中动态旋转 10 min后的平均熔损失重为 234 mg. 当铝液温度提高的 700℃,未处理试样的熔损明显加剧,旋转 10 min 的试样平均熔损 2 322 mg,旋转 20 min的试样平均熔损 3 615 mg. 所以,表面氧化处理对动态熔损的提高是相当显著的.

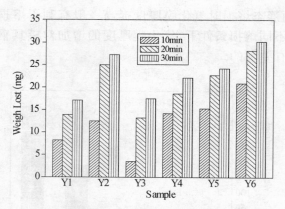

图 6.5　不同氧化试样动态熔损不同时间后的熔损失重对比

　　动态熔损试验时,由于试样偏心旋转,必然造成迎着铝液的试样
正面承受较高速度的铝液冲刷,试样表面在发生热磨损的同时发生
着铁-铝反应,加快了热熔损的进行;而试样背面所受的冲刷作用相对
小得多,热熔损也较慢. 所以在金相显微镜下可明显观察到未处理试
样迎铝面比较严重的熔损,而试样背铝面还可观察到未开始发生熔
损的部位(见图 6.6). 图 6.7 显示了动态熔损试样的不均匀熔损现
象,其中图 6.7(b)是热作模具钢受到铝液热侵蚀开始时的典型舌状
熔损花样.

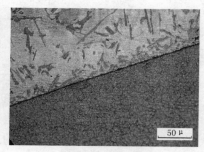

(a) 迎铝面熔损严重部位　　　　　　　　(b) 背铝面未熔损部位

图 6.6　700℃铝液中动态熔损 10 min 后试样不同部位的熔损形貌

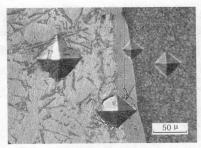

| (a) 不均匀熔损部位 | (b) 舌状熔损 |

图 6.7 650℃铝液中动态熔损 10 min 后试样不同部位的熔损形貌

Y4、Y5、Y6 各蒸汽氧化处理试样,在 700℃铝液中动态旋转 10 min后,不仅在背铝面,而且在其它部位发现了较多的未熔损现象,如图 6.8a、c、d. 发生熔损部位的界面组织同未表面处理相似,如图 6.8b.

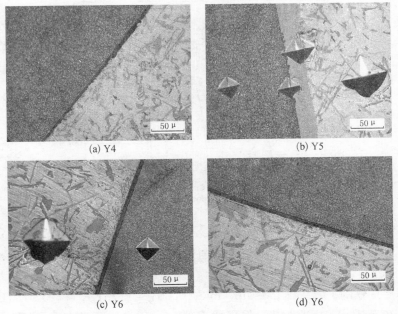

| (a) Y4 | (b) Y5 |
| (c) Y6 | (d) Y6 |

图 6.8 700℃铝液中动态熔损 10 min 后的氧化试样不同部位的熔损形貌

没有发现预计的氧化膜部分熔损、部分残留状态的组织现象,说明模具钢表面的氧化膜与铝液发生相对运动时,能稳定保持一定时间,一旦试样局部位置氧化膜与铝液发生反应,将很快被消耗,从而丧失保护作用.

6.4　讨论

6.4.1　H13 钢铝热熔损机制

铁与熔融铝液之间有很大的反应驱动力,能在较大成分范围内反应生成各种化合物,图 6.9Fe－Al 相图[10]显示,铁铝间可形成五种金属间化合物,即 Fe_3Al,$FeAl$,$FeAl_2$,Fe_2Al_5 和 $FeAl_3$,其中富铝的 $FeAl_2$,Fe_2Al_5 和 $FeAl_3$ 各相较脆.

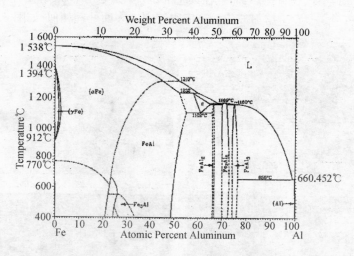

图 6.9　Fe－Al 二元相图

Fe－Al 金属间化合物的生成与铁基体、熔融铝液之间的扩散系数有很大关系,铁向铝中的扩散系数为 $5.3 \times 10^{-3} \ m^2 S^{-1}$($793 \sim 922K$),大于铝向铁的扩散系数 $1.8 \times 10^{-4} \ m^2 S^{-1}$($1\,003 \sim 1\,673K$)[11].$600 \sim 750℃$ 温度范围内,碳钢热浸铝将生成 $FeAl_3$ 和 Fe_2Al_5 两类 Fe－Al 化合

物[2]. 浸铝初期,$FeAl_3$ 能形成连续的相层,但由于 $FeAl_3$ 在温度较低的
Fe‐Al 界面形成后将停滞在界面处,难以向熔融铝液内生长[12]. 而
Fe_2Al_5 相具有特殊的斜方型晶格,有两个垂直向上的 C 轴,C 轴上的晶
格结点为铝原子占据,剩余铝原子及所有铁原子占据晶格内部或侧边
上的晶格结点. C 轴上有高达 30 % 的空位,铝原子沿 C 轴具有很大的
扩散速度. 当 Fe_2Al_5 相的 C 轴垂直于 Fe‐Al 液界面时,Fe_2Al_5 相将得
到快速生长而形成舌状花样,并侵入钢基体[13,14]. 随着界面原子的扩
散,Fe_2Al_5 开始沿 C 轴快速生长,并引起界面铝原子向 Fe_2Al_5 中富集.
$FeAl_3$ 相一方面为 Fe_2Al_5 相生长提供铝原子,另一方面也剥离游离于
表面层中,形成非连续相,分布于 Fe_2Al_5 相层与焊合的铝合金之间.

当铝液中富含硅时,$FeAl_3$ 相将为 $FeSiAl_3$ 所取代,由于硅的存
在,降低了铝在该相中的活度,作为 Fe_2Al_5 相生长所需铝原子的供应
源,不能及时供应铝原子,从而抑制了 Fe_2Al_5 的快速生长[14,15].

此外,金属间化合物的生长随钢中碳含量的增长而下降[16].

图 6.10 为热浸熔融 ADC12 铝液后 H13 钢表面附着物组织,可以
看到 Fe‐Al 界面有 A、B 两层连续的化合物层,能谱分析(见表 6.6)表
明,两者在成分上有明显差异,A 层的成分接近于 Fe_2Al_5,而 B 层的硅
含量更高,C 为 ADC12 铝液,但其中的硅含量很少,可见铝液中的硅扩
散进入了 Fe‐Al 化合物相中. 块状游离物 D 的成分与化合物 B 层比较
接近,可见游离物 D 是化合物层 B 剥落后进入铝液后形成的.

表 6.6　Fe‐Al 界面组织能谱分析结果

分析部位	元素含量(at%)							
	Al	Si	Fe	Cr	V	Mn	O	Cu
A	63.81	5.66	28.28	1.58	0.41	0.26	*	*
B	68.84	11.54	16.79	0.98	0.27	0.37	*	1.22
C	96.78	*	0.49	0.12	0.07	0.11	1.81	0.61
D	68.28	11.00	13.43	2.35	0.30	0.88	2.56	0.53

注:"*"表示有衍射峰出现,但几乎隐没在背底中,含量很小.

图 6.10　熔损试验后 H13 试样上的 Fe‑Al 界面组织

　　由此可见,热浸于熔融的 ADC12 铝液中的 H13 钢试样的熔损过程与碳钢热浸铝过程相似,由于钢铁及熔融铝液的成分差异,生成的 Fe‑Al 化合物成分将有所差异,反应速度将由于碳、硅等合金元素的作用而有所减慢. 文献[17]较为深入地研究了 H13 钢热浸 Al‑11Si‑3Cu(ADC12)铝合金熔液后所生成的物相. 同碳钢热浸纯铝一样,主要生成物为两种 Fe‑Al 化合物,与 H13 钢基体接触的内层化合物是溶入了 Si、Cr、Mn 等元素的斜方 η‑Fe_2Al_5(即图 6.10 中的 A 层),外层化合物为溶入了 Cr、Mn 等元素的六方 α_H‑Fe_2SiAl_8 相[17].

　　H13 钢热浸于熔融 ADC12 铝液最初生成 Fe_2SiAl_8 相和 Fe_2Al_5 相,由于铁向铝中的扩散系数大于铝向铁中的扩散系数,所以与 H13 钢基体相接触的 Fe_2Al_5 相的生长速度决定于外层 Fe_2SiAl_8 相提供铝原子的速度,由于 H13 钢中含有 Cr、Mn、V 等多种合金元素,所以两个 Fe‑Al 相中都分别固溶了少量合金元素.

　　在一定温度条件的热熔损过程中,内外层化合物厚度将保持动态稳定,即铁不断扩散进入 Fe_2Al_5 化合物层,该层外侧由于 Al、Si 不断从外层化合物进入而发生相变,Fe_2SiAl_8 化合物层达到一定厚度后逐步脱落进入铝液. 化合物的形成和变化过程就是 H13 钢基体的熔损过程,化合物层中的元素扩散过程是影响熔损进程的因素,所以,除了钢材和铝液的化学成分外,温度是决定 H13 钢熔损速度的重要因素.

6.4.2 静态与动态熔损性能分析

由 H13 钢熔损机制分析可见,减缓熔损过程首先考虑到的必然是在 H13 钢和熔融铝液之间引入隔离层,所以当 H13 钢表面热处理形成化合物层或陶瓷涂覆后,其熔损抗力都能得到提高.

静态熔损条件下,未表面处理 H13 钢的熔损速度主要取决于熔融铝液的温度. 温度越高,各种粒子的扩散速度越快,试样外包覆的化合物复合层越薄,H13 钢越容易被侵蚀;随着时间的延长,包覆的化合物复合层越厚,新鲜铝原子穿过复合层到达化合物层(外层)所需的时间增加,熔损速度减缓.

熔融铝液几乎完全不浸润表面氧化的 H13 钢试样,H13 钢表面覆盖氧化膜后,铝液必需首先破坏或消耗氧化膜,接触 H13 钢基体引起熔损. 由于试样表面状态的细微差别,试样表面氧化膜的被润湿和消耗是不均匀. 根据经验,熔损试样上的氧化膜重量约在几毫克到十几毫克之间,当试样表面氧化膜的大部分被消耗或破坏后,熔损速度将显著提高. 试样过程中,无论是静态、还是动态熔损试样的截面组织上,都未观察到同一部位氧化膜被部分消耗、部分残留的现象,这从侧面反映氧化膜一旦被润湿将很快被消耗. 所以静态熔损时,润湿的进程是影响抗熔损的主导因素;而动态熔损条件下,氧化膜的质量即氧化膜的组成,尤其是膜/基结合力对熔损抗力的影响较为突出,在铝液的冲刷作用下,如果氧化膜质量差而发生剥落、脱离,则会过早丧失氧化膜的作用.

H13 钢的熔损是靠 Fe、Al、Si 等元素的扩散进行的,氧化膜的存在实际起到减缓 Fe 元素的扩散作用,显然提高氧化膜厚度有利于静态熔损抗力的提高. 所以,D2、G1 试样的熔损抗力高于 D1.

动态旋转熔损试验时,外层化合物离开试样速度将更快,附着在试样表面的化合物复合层将减薄,Al、Si 进入化合物层并与铁反应所需的扩散距离缩短,所以未表面处理试样的动态熔损速率远大于静态熔损速率. 氧化膜的质量在动态情况对熔损的影响更显著,氧化膜厚度过大并提高熔损抗力,反而由于内应力的增大、膜/基结合力的降低,而在铝液的冲刷下引起过早脱落而降低熔损抗力.

作为对比的 NS 试样,蒸汽氧化形成的氧化膜在随后的等离子处理中将由于轰击而减薄,其熔损抗力低于单纯的蒸汽氧化试样,说明由硫化物、氮化物以及残留的氧化物组成的表面混合层的抗熔损作用逊于单一的氧化膜.

6.4.3 氧化膜的抗熔损特点和作用

同渗氮形成的氮化物层、PVD 或 CVD 涂覆生成的陶瓷涂层一样,氧化膜可以覆盖在模具钢表面,通过避免熔融铝液与模具的直接接触来提高模具的抗熔损性能,但实际提高模具抗熔损性能的行为和效果则有明显不同之处. 陶瓷涂覆的模具钢在铝液中将受到铝液的局部腐蚀,经过一定的潜伏期后出现蚀坑,通常这种半球形的蚀坑是由于涂层缺陷、或钢表面缺陷及热应力所引起[18-21]. 由于陶瓷涂层的化学稳定性通常比较高,在出现蚀坑、热裂纹等缺陷前,陶瓷涂层通常能保持完整[22].

而氧化膜在熔损试验中表面并未观察到局部蚀坑现象,熔损试验过程中,氧化膜将被消耗而失去防护作用. 氧化膜的抗熔损行为与膜跟熔融铝液的接触有很大关系,通常情况下,铝液难以浸润铁的氧化膜. H13 钢表面氧化膜一旦被润湿,氧化膜中的铁原子就很容易扩散进入铝液,将很快被消耗. 试样的运动状态、氧化膜表面状态等都将影响 H13 钢表面氧化膜被完全润湿的时间,即氧化膜受侵蚀孕育期的长短. 所以,试验过程中无法观察到氧化膜正受到铝液侵蚀的照片,所观察到的不是基体已受到熔损,就是氧化膜仍保持完整的现象.

与一般陶瓷涂层不同,H13 钢表面氧化膜自钢表面生长而出,在力学性能上与基体比较接近,因此热循环过程中氧化膜受试样表层的应力状态变化的影响也比较小. 所以, 在相同的热循环(热应力)条件下, 氧化膜通常比陶瓷涂层更能保持完整. 表面涂覆陶瓷的热作模具, 当表面陶瓷层出现热裂纹后, 将出现应力集中, 热疲劳抗力显著下降[23], 且铝液将容易进入已出现的热裂纹中, 造成物理焊合[24]. 相对而言, H13 钢氧化膜由于开裂而引起物理焊合的倾向要低得多.

　　对于实际使用中的压铸模, 冲型过程中压铸液对模具表面的冲刷作用被认为是引起熔损的主要原因, 并导致焊合的出现. 冲刷过程包含力学、化学等多种作用, 表面氧化膜能提高模具抵抗化学侵蚀的能力. 而合理的表面化学热处理如渗氮, 以提高表面强度来提高耐磨性, 增强抗冲刷性能, 对模具的抗熔损性能是有利的. 渗氮或软氮化处理的钢铁零件, 再经过氧化处理后, 表面将具有良好的化学稳定性, 其耐磨性、摩擦学性能相当优异[25−27]. 如表面再经适当高分子浸润处理[28], 其化学稳定性将进一步提高. 氮氧复合处理在服役温度较低的许多机械零件上的应用是十分成功的, 在热作模具上的使用性能也逐步开展[29], 针对一定工况下服役的热作模具, 氮氧复合工艺、模具表层组织性能特点、模具的服役性能和失效行为之间的内在关系还需进一步深入研究和探讨.

6.5　小结

　　1) H13 钢在熔融 ADC12 铝液中发生熔损时, 表层将生成两层 Fe-Al 金属间化合物, 比邻基体的内层是溶有 Si、Cr、V 等元素的 Fe_2Al_5 相, 而外层实际是含 Cr、Mn 等元素的 Fe-Al-Si 金属间化合物, 外层金属间化合物将逐步剥落游离进入铝液, 铝液温度、试样的表面铝液的运动状态将决定游离层的厚度, 并影响各元素通过游离化合物层的扩散速度. H13 钢的熔损过程是扩散主导的物理化学过程.

　　2) 静态熔损条件下, 氧化膜通过避免铝液与钢的直接接触、减缓了金属间化合物的生成及 Fe 向化合物的扩散过程来提高 H13 钢的熔损抗力;动态熔损条件下,表面氧化处理试样更能显示优异的熔损抗力,这同样与氧化膜有效降低了 H13 钢试样与熔融铝液的动态条件下的润湿性有关.

3）与陶瓷涂层不同,氧化膜由于受熔融铝液侵蚀而被消耗,从而丧失其良好的抗熔损性能.氧化膜受侵蚀前有相对较长的孕育期,一旦受到侵蚀,将很快被消耗.

第七章 表面氮氧处理在气门 热锻模上的应用

7.1 简况

上海某外资企业是一家气门专业制造厂,为通用、大众等诸多国内外汽车厂、发动机厂配套生产各种气门. 该企业的气门模具除模具型腔自己加工外,其余原材料采购、毛坯锻造、粗加工、热处理等工序都采用外协. 据厂方人员介绍,与国外同行相比,该厂的模具寿命普遍较低,而且早期失效发生比较频繁,所以模具成本一直居高不下.

该厂气门锻模的制造流程为:由一家中国公司提供经粗加工的锻造毛坯;该厂进行气门精加工;由上海 ASSAB 公司进行淬、回火;由一家法国公司进行盐浴渗氮.

该厂气门模具采用热锻(热镦)方法制造(如图 7.1). 由于气门尺寸通常比较小,成形速度相当快,模具在成形过程中局部受力条件相当恶劣. 主要表现为上模表面承受巨大的压应力,下模颈部圆弧处承受巨大压应力,表面摩擦力也非常大.

该厂气门模具的一般失效形式表现为模具表面的塑性变形、下模颈部圆弧处的疲劳裂纹和磨损. 其中塑性变形(压塌)最为突出,尤其是在锻造不锈钢、镍基合金等高形变抗力气门材料时,模具寿命只有一、二百次. 此外,气门模具早期失效也经常发生,一般表现为脆性断裂,即模具在使用几模次或几十模次后突然发生整体开裂,有时也表现为局部压塌或崩块.

对该厂的多对失效的气门模具进行了分析,结果表明,模具表面处理不当是气门模具寿命偏低的主要原因.

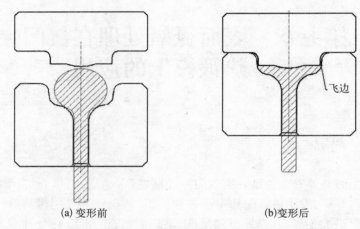

(a) 变形前   (b)变形后

图 7.1   气门成型过程示意图

该厂气门锻模盐浴渗氮处理后的渗氮层深度一般为 0.04～0.10 mm(如图 7.2),有时仅 0.02 mm,表层为 0.002～0.005 mm 的白亮层. 该模具淬、回火后的基体硬度为 52～54 HRC,表面处理后模具的工作面硬度提高至 53～6 HRC. 对于以表面塑性变形为主要失效形式的热作模具,其表面强化程度是不够的. 此外,表面层在巨大的摩擦力的作用也容易发生折叠,并造成应力集中而出现热裂纹(如图 7.3).

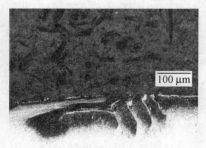

图 7.2   气门模具盐浴渗氮组织   **图 7.3   气门模具表面硬化层折叠现象**

表面热处理不当很可能是工艺受限所致,盐浴渗氮处理温度大致在 570℃,处理时间过长将导致白亮层过厚、扩散层氮化物析出、模具基体硬度明显下降等不利因素.

其次,原材料质量欠佳也是该厂模具寿命不佳的重要因素.

气门锻模所采用的原材料 H13 钢的组织偏析比较严重(如图 7.4),粗大共晶碳化物数量较多(如图 7.5),钢材纯净度差,硫化物数量多(如图 7.6).上述材质缺陷都将严重损害模具钢的塑韧性.

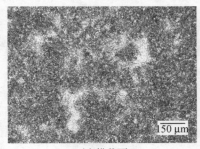
(a) 横截面

(b) 纵截面

图 7.4　H13 钢中的偏析

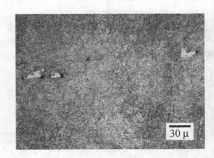

图 7.5　H13 钢中的共晶碳化物

由此可见,该厂采用的原材料是未经过二次精炼的普通 H13 钢.由于气门模具在服役过程中承受相当大的形变抗力,所以气门模具硬度的内控要求为 52～54 HRC,这是 H13 钢使用硬度(强度)的上

图 7.6　H13 钢中硫化物

限,此时其韧性(塑性)则处于下限. 当钢中夹杂物、偏析严重,共晶碳
化物粗大时,模具钢脆性开裂倾向很高. 容易引起模具的整体开裂、
崩块等早期失效.

7.2　氧氮处理的应用

由于该厂模具最典型的失效形式是塑性变形,所以工艺改进的
目标是:在保持模具整体塑韧性的基础上,提高模具表层的热强性.
表面强度提高了,模具塑性变形失效情况就能得到改善.

因此,表面强化技术是工艺改进的关键,并且为顺利实施表面处
理工艺,模具前道的淬、回火热处理工艺必须与之相匹配.

具体工艺和技术思想是:对气门模具采用高温淬火(1 080℃);淬
火后先低温回火(180℃)析出弥散碳化物;再高温回火(550℃结合渗
氮进行)提高其回火抗力,并调整其整体硬度,优化模具的强度韧性
组合;采用约550℃的温度进行等离子深层渗氮,并避免扩散层氮化物
的大量析出和表面白亮层的生成,以尽量在提高表面强度的同时减小
韧性的降低;最后表面采用550℃蒸汽氧化处理,以提高模具表面服役
时的润滑和耐磨性能,并作为热障层减小气门向模具的热量传递.

不改变模具原材料,采用调整后工艺处理的模具基体硬度为
53~56 HRC,渗氮层深度约 0.1~0.2 mm,表面硬度显著提高至

59～62 HRC.

　　该工艺在 1# 气门锻模上进行试验,气门材料为 Inconel751（即 NiCr15Fe7TiAl)高温合金,等离子渗氮-蒸汽氧化后气门模具上下模照片见图 7.7.采用调整前后模具的寿命对比见表 7.1,气门锻模的平均寿命提高了 135％.

（a）上模　　　　　（b）下模

图 7.7　表面新工艺处理后的 1# 气门模具

表 7.1　1# 气门锻模寿命改进

	模具数量(副)	最大值(件)	最小值(件)	平均值(件)
原工艺	9	300	100	207
新工艺	8	653	100	487

　　表面处理工艺调整前后模具的失效形式不变,主要为下模颈部的塑性变形和热裂纹.图 7.8 为失效的下模实物照片,可以观察到明显的塑性变形,图 7.9 显示了模具颈部的热疲劳裂纹和局部磨损情况,热疲劳裂纹主要集中在渗氮层内,中止于渗氮层与基体交界处.热裂纹和局部磨损构成模具另一种主要失效形式,造成气门颈部纵向的条状突出细纹.

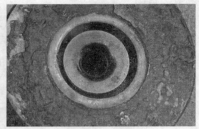

图 7.8　正常失效的 1# 模具

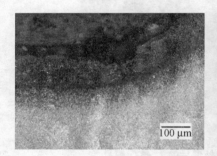

图 7.9　失效模具表面的磨损和热裂纹情况

新工艺在 2# 模具上进行了试验,气门材料为 1 547(52 Mn5)碳钢,试验在 2003 年 8 月进行,13 副模具的寿命依次为 3 021、2 622、1 486、1 726、2 500、2 630、1 507、936、1 205、1 300、1 000、2 462、2 345 件,平均 1 903 件. 原工艺 2# 模具 6、7 月份平均寿命分别为 1 145、1 107件. 相比之下,采用新工艺的模具寿命提高了 69%. 该模具的失效形式为下模热疲劳裂纹,造成气门颈部条状的突出细纹.

调整气门模具热处理工艺,并采用等离子渗氮-表面低压氧化进行表面强化进行了批量生产后(如图 7.10),使用新工艺后的气门模具寿命显著提高. 对于锻造普通钢材的气门模具,塑性变形失效可基本避免,主要为疲劳裂纹失效(如图 7.11),通过调整模具淬、回工艺,表面处理工艺,提高模具韧性,可进一步提高其寿命. 而对于锻造不锈钢、高温合金的气门模具,塑性变形和疲劳裂纹失效共存,而且早期开裂、崩块现象依然存在,所以采用高纯净度、无共晶碳化物的高品质 H13,可以提高其韧性,从而更有余地调整模具的强韧性,提高模具寿命.

图 7.10　气门锻模的批量等离子热处理

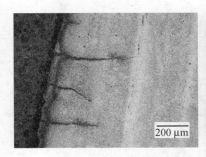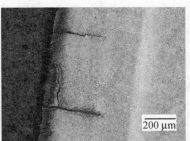

图 7.11　气门锻模的热疲劳裂纹

7.3　小结

1) 表面等离子渗氮-氧化工艺在气门锻模上得到了较好应用. 合

理的渗氮工艺提高了模具表面的热强性,增加了模具的热变形抗力,并最大限度地保持良好韧性;表面氧化可改善模具的润滑性能和耐磨性,降低模具磨损与热裂纹的交互作用,从而提高模具寿命.

2) 锻造碳钢气门模具,由于原材料热形变抗力较低,通过提高模具表面的热强性,可基本避免塑性变形失效行为;对于热形变抗力巨大的高温合金,提高模具表面热强性对寿命的提高更明显,但增加了开裂、崩块倾向.采用塑韧性优良的高品质 H13 钢是进一步提高模具寿命的方向.

第八章 总 结

1) 将蒸汽预热和蒸汽氧化整合在同一热处理炉体中具有节省能源、节约场地，便于控制等优点；本文设计的炉体结构有利于高温蒸汽流稳定地输入蒸汽热处理炉中，并保证设备的可控性和安全性. 按该结构设计的新型蒸汽氧化炉在工业上得到了成功应用. 由于通常蒸汽氧化在正压下进行，而气体渗氮在负压下进行，将这两工艺结合在一起的问题在于炉子难以密封、炉内气氛保持困难. 所以，无论采用预抽真空回火炉或蒸汽氧化炉，都难以将蒸汽氧化处理和气体渗氮工艺结合在同一热处理炉中进行.

2) 采用 Thermal-Calc 软件，准确预测了平衡状态下 H13 钢表面氧化膜物相组成，结合氧化试验揭示了 H13 钢的氧化行为. $510\sim$ $610℃$ 温度范围内，H13 钢蒸汽氧化膜主要由表层的刚玉型 Fe_2O_3 相和内层的（反）尖晶石型 Me_3O_4 相组成. 氧化温度越高，Me_3O_4 相对量越高；氧化时间越长，Me_3O_4 相对量越高；$0.05\sim0.15$ MPa 蒸汽压力范围内，压力越高，Me_3O_4 相对量越高. Me_3O_4 相以 Fe_3O_4 相为主，随着氧化温度升高，其它合金元素的尖晶石相 $FeCr_2O_4$、Fe_2SiO_4 及 FeV_2O_4 等含量将增大. 显微压入和拉伸方法可定性地比较 H13 钢氧化膜的附着力，氧化时间的延长对附着力是不利的，$550℃$ 下短时氧化有较好的膜/基界面结合. 而氧化膜的质量，如微孔的数量和分层情况对氧化膜的破损性能较工艺参数的影响有时会更为显著.

3) H13 钢在常压空气中具有良好的抗氧化性. 这是由于高氧分压有利于 Fe_2O_3 相的生成，表面连续的 Fe_2O_3 层阻碍了氧的进入和具有较快生长速度的 Me_3O_4 相生成. 适当的氧分压条件下（如 200 Pa），Fe_2O_3 相的生长相对受抑制，Me_3O_4 相具有较大的生长速度，所以低压空气条件下，H13 钢反而具有较大的氧化速度. 氧化膜会在等离子轰击中将逐渐被消耗,尤其是在大的氨流量情况下,由于气氛还原性的增强,氧化膜消耗速度将加快.通过调整等离子渗氮温度、氮势、时间等参数,可控制 H13 钢表面氮扩散层的厚度和浓度梯度,提高钢的热强性和热疲劳性能;随后表面氧化处理能改善模具的抗熔损性能.

4) 表面无化合物的等离子渗氮工艺提高了模具钢的热疲劳抗力,这主要是试样表面有效的压应力状态和提高的强度所造成;热疲劳试样表面高硬度的化合物层,容易引起热循环过程中应力的集中,并导致不均匀裂纹的形成和快速扩展. H13 钢表面蒸汽氧化膜在热循环过程中将较早发生开裂,但原始氧化膜的起皱和开裂与以后形成的热裂纹分布与并没有直接关系,热裂纹的发展根本上决定于 H13 钢表面的微观组织状态和性能.

5) H13 钢的熔损过程是扩散主导的物理化学过程. 在熔融 ADC12 铝液中,H13 钢表层将生成两层 Fe - Al 金属间化合物,外层金属间化合物将逐步剥落进入铝液,铝液温度、试样的表面铝液的运动状态将决定游离层的厚度,并影响各元素通过游离化合物层的扩散速度. 氧化膜受侵蚀前有相对较长的孕育期,一旦受到侵蚀,将很快被消耗. 静态熔损条件下,氧化膜通过避免铝液与钢的直接接触、减缓了金属间化合物的生成及 Fe 向化合物的扩散过程来提高 H13 钢的熔损抗力;动态熔损条件下,表面氧化显示了优异的防护能力,这与氧化膜有效降低试样与熔融铝液的动态条件下的润湿性有关.

6) 氮氧复合处理工艺在重载高应力热作模具上具有良好的应用前景. 表面渗氮提高了模具表面的热强性,抗塑性变形得以提高;氧化处理提高了模具表面的润滑性和耐磨性,改善模具表面的工作状态,从而提高模具寿命.

参 考 文 献

第一章

1　徐进,陈再枝. 模具钢[M].北京:冶金工业出版社,1998.

2　Klarenfjord B. , Norstrom L. A. 热作模具钢进展[C].许珞萍,
第五届环太平洋国际模具钢会议论文集,上海:上海交通大学出
版社,1998,3—9.

3　Srivastava A. , Joshi V. , Shivpuri R. *et al*. A multi-layer
coating architecture to reduce heat checking of die surfaces[J].
Surface and Coatings Technology , 2003, **163 — 164**: 631—636.

4　Schweiger H. , Lenger H. *et al*. A new generation of toughest
hot-work tool steels for highest requirements[C]. F. Jeglitsh,
R. Ebner. *Proc.* 5th *ICT: Tool Steel in the Next Century*,
Austria: University of Leoben Press, 1999, 285—295.

5　Jesperson H. Toughness of tool steels[C]. F. Jeglitsh, R.
Ebner. *Proc.* 5th *ICT: Tool Steel in the Next Century*,
Austria: University of Leoben Press, 1999, 93—102.

6　张文华. 材质和热处理对模具热疲劳性能的影响[J].中国建材装
备,1992,(2): 26—28.

7　Schruff C. I. , Rasche K. , Haberling E. Optimization of the
Alloying Constituents Hot-Work Tool Steel X40CrMoV 5 1 for
Large Tool with High Demands on Toughness[C]. *Proc.* 2nd
ICT, Bochum, 1989: 33—48.

8　姚向军,侯英玮等. 热作模具钢材料的发展[J].机车车辆工艺,
1998,(2): 1—3, 19.

9　西村富隆. 熱間型用鋼の耐軟化性[J].熱處理(日),1997, **37**

(2)：78—81.

10　Gehricke, Pannes W., Schruff I. Development of hot-work tool steel for hot forming of heavy metals[C]. H. Berns, H. F. Dinz, *Proc. 4th ICT: Progress in Tool Steels*, Germany, 1996, 201—211.

11　李熙章,施占华,肖中义. 显微组织对模具钢热疲劳性能的影响[J]. 机械工程材料,1993,**17**(1)：40—42.

12　Breitler R., Mayerhofer J. 先进的热作工具钢[C]. 许珞萍,第五届环太平洋国际模具钢会议论文集,上海：上海交通大学出版社,1998,71—76.

13　Furuta N., Nakamura H. 新开发的热作工具钢的性能[C]. 许珞萍,第五届环太平洋国际模具钢会议论文集,上海：上海交通大学出版社,1998,83—89.

14　王小军,徐明纲. 热作模具钢 QRO90 与 8407（H13）回火稳定性研究[J]. 上海金属,1998,**20**(2)：8—11.

15　黄春峰. 优质 H13 钢的热处理工艺[J]. 航空工艺技术,1998,(5)：37—39.

16　向田行宏,高橋智之,柴田尚. 熱間工具鋼の靱性にぉよぼすSi 添加量の影響[J]. *CAMP-ISIJ*,2000,13：1348.

17　藤井利光,松田幸紀. 熱間工具鋼の疲勞き裂進展特性にぉよぼすSi 量の影響[J]. *CAMP-ISIJ*,2000,13：1347.

18　Ernst C., Rasche K. Nitrogen alloyed tool steels. *Proc. the International European Conference on Tooling Materials*, Interlaken, Switzerland, Sept. 7—9, 1992, 481—497.

19　谌南平,廖钟亮. 重稀土对合金模具钢工艺性能的影响[J]. 江西科学,1996,**14**(3)：136—142.

20　Gehricke, Reichel U. Consideration of international specifications concerning hot-work tool steels[C]. F. Jeglitsh, R. Ebner. *Proc. 5th ICT: Tool Steel in the Next Century*,

Austria：University of Leoben Press，1999，569—582.

21 NADCA♯207 - 90，Premium Quality H - 13 steel Acceptance Criteria for Pressure Die Casting Dies ［S］. NADCA Die Materials Committee，1990.

22 Nilsson H.，Sandberg O.，Roberts W. The influence of austenitization temperature and cooling rate after austenitization on the mechanical properties of the hot-work tool steels H11 and H13［C］. H. Nordberg，W. Robert，*Proc. Tool for Die Casting*，Sweden，1983，51—70.

23 Flynn E. W. Implementation of GM h13 material and heat treat specification［C］. F. Jeglitsh，R. Ebner. *Proc. 5th ICT: Tool Steel in the Next Century*，Austria：University of Leoben Press，1999，619—633.

24 Klarenfjord B.，Schindler A.，Schruff I. A new rating chart for microstructure of hot-work steels［C］. H. Berns，H. F. Dinz，*Proc. 4th ICT: Progress in Tool Steels*，Germany，1996，147—156.

25 徐进. 日本模具钢生产技术发展概况［J］. 特殊钢，1997，**18**(6)：10—19.

26 Skidmore K. F. Selection of premium quality H13 steel for pressure die casting［C］. H. Nordberg，W. Robert，*Proc. Tool for Die Casting*，Sweden，1983，105—130.

27 西尔宁 K. E. 钢及其热处理—博福斯手册. 孙一唐，刘文泉译，北京：冶金工业出版社，1982.

28 Berns H. Strength and toughness of hot work tool steel［C］. G. Krauss，H. Nordberg，Proc. *International Conference on Tool Materials for molds and dies*，Illinois：The Colorado School of Mines Press，1987，45—65.

29 朱心昆，赵应富. 淬火温度对 H13 钢性能的影响［J］. 金属热处理,1994,(8):28—30.

30 李熙章,施占华等.几种模具钢的热疲劳性能对比研究[J].安徽工学院学报,1988,**7**(2):10—20.

31 Branco J. R. T., Krauss G. Toughness of H11/H13 hot work die steels. *Proc. the International European Conference on Tooling Materials*,Interlaken,Switzerland,1992,121—134.

32 刘静安.预处理工艺对 4Cr5MoSiV1 钢组织和力学性能的影响[J].轻合金加工技术,1999,**27**(12):23—26.

33 钱苗根.现代表面技术.北京:机械工业出版社,2002.

34 Marcell Korach. Low-cycle fatigue and thermal fatigue of hot-work tool steels[C]. H. Nordberg, W. Robert, *Proc. Tool for Die Casting*, Sweden, 1983, 241—266.

35 吴玉道,王洁民.铝压铸模具失效分析[J].机械工程材料,1989,**13**(3):49—51,13.

36 兰杰,贺俊杰,丁文江.铝压铸模具的失效形式及材料进展[J].机械工程材料,1999,**23**(3):38—42.

37 Navinsek B., Panjan P., Milosiev I. Industrial applications of CrN (PVD) coatings deposited at high and low temperatures [J]. *Surface and Coatings Technology*, 1997, **97**:182—191.

38 Mitterer C., Holler F., stelb F. U., Heim D. Application of hard coatings in aluminium die casting soldering, erosion and thermal fatigue behaviour [J]. *Surface and Coatings Technology*, 2000, **125**:233—239.

39 Mitterer C., Lugmair C., Nobauer R., Kullmer R. Optimization of plasma-assisted chemical vapour deposition hard coatings for their application in aluminium die-casting[J]. *Surface & Coatings Technology*, 2001, **142**:1005—1011.

40 Heim D., Holler F., Mitterer C. Hard coatings produced by PACVD applied to aluminium die casting [J]. *Surface &*

Coatings Technology，1999，**116 — 119**：530—536.

41　Wang Y. C. Effects of PVD coatings on thermal fatigue resistance of hot-work tool steels[C]. *IMECE'97: Composites and Functionally Graded Materials*，Texas，1997，351—355.

42　Kawata K.，Sugimura H.，Takai O. Characterization of TiAlN films deposited by pulsed d. c. plasma-enhanced chemical vapor deposition [J]. *Thin Solid Films*，2001，**386**：271—275.

43　Lugscheider E.，Bobzin K.，Barwulf S.，Hornigu T. Oxidation characteristics and surface energy of chromium-based hard coatings for use in semisolid forming tools[J]. *Surface and Coatings Technology*，2000，**133 — 134**：540—547.

44　Kulkarni K.，Srivastava A.，Shivpuri R.，Bhattacharya R.，Dixit S.，Bha D. Thermal cracking behavior of multi-layer LAFAD coatings on nitrided die steels in liquid aluminum processing[J]. *Surface and Coatings Technology*，2002，**149**：171—178.

45　Pellizzari M.，Straffelini G.，Molinari A. Thermal fatigue resistance of plasma duplex-treated tool steel[J]. *Surface & Coatings Technology*，2001，**142**：1109—1115.

46　Molinari F.，Raimondi M. Heat treatment and surface engineering of hot work tool steels[C]. F. Jeglitsh, R. Ebner. *Proc. 5ᵗʰ ICT: Tool Steel in the Next Century*，Austria：University of Leoben Press，1999，485—493.

47　朱雅年,顾彩香. 离子渗氮和 PVD 复合镀工艺研究[C]. 许珞萍, 第五届环太平洋国际模具钢会议论文集,上海：上海交通大学出版社,1998，175—180.

48　张凌云,刘培英. PCVD 法模具表面强化技术的研究[J]. 新技术新工艺,1998，(3)：44—45.

49 Carrera S. , Kearns K. , Mishra B. The development of a surface engineered coating system for aluminum pressure die casting dies ［C］. *2001 Transactions/Congress Sessions*, Cincinnati，2001，387—395.

50 Hihara M. , Yatsushiro K. , Sano M. 热循环对表面处理和改性热作模具钢残余应力的影响[C]. 许珞萍,第五届环太平洋国际模具钢会议论文集,上海：上海交通大学出版社,1998,46—53.

51 Hihara M. , Kuramoto M. *et al*,氮化处理的马氏体时效模具钢的抗裂纹能力[C].许珞萍,第五届环太平洋国际模具钢会议论文集,上海：上海交通大学出版社,1998,61—65.

52 Eliasson L. , Sandberg O. Effect of Different Parameters on Heat checking Properties of Hot-Work Tool Steel. *Proceeding of 2nd International Conference on Tooling*, Sept. 2—8th, Bochum，1989：3—14.

53 刘北兴,刑天仑,刘剑虹. 渗氮及避免增碳对 3Cr2W8V 钢冷热疲劳行为的影响[J]. 1994,**97**(1)：20—23.

54 厉豹忠,徐建生,顾宝根. 3Cr2W8V 铝合金液压挤压模具的热处理[J].轻合金加工技术,2000,**28**(1)：13—15.

55 Molinari, Raimondi F. , ellizzari M. P. Heat treatment and surface engineering of hot work tool steels[C]. F. Jeglitsh, R. Ebner. *Proc. 5th ICT: Tool Steel in the Next Century*, Austria：University of Leoben Press, 1999, 485—493.

56 热作模具钢表面改性研究委员会. 熱間工具材料の表面層の改善研究部會共同研究成果發表會演講集[M]. 日本新宿,1998.

57 李熙章,施占华. 评定模具钢热疲劳性能的 UddeHolm 法[J]. 安徽工学院学报,1998,**7**(2)：101—108.

58 吴晓春,许珞萍. Uddeholm 热疲劳图谱的分析与定量评定[J]. 理化检验-物理分册,2002,**38**(1)：14—17,36.

59 Wallace J. , Schwann D. Development studies on selection &

processing of die materials to extend die life[J]. *Die Casting Engineer*, 2000, **44**(3): 50—58.

60 翟福宝,张质良. 热喷熔技术在模具表面性能强化方面的研究[J]. 锻压技术,2000,(5): 55—57.

61 Bleck W., Pant M. The determination of thermal shock and impact wear behaviour of laser-alloyed and nitrided hot-work tool steels[C]. F. Jeglitsh, R. Ebner. *Proc. 5th ICT: Tool Steel in the Next Century*, Austria: University of Leoben Press, 1999, 317—326.

62 Jiang W. P., Molian P. Nanocrystalline TiC powder alloying and glazing of H13 steel using a CO_2 laser for improved life of die-casting dies[J]. *Surface and Coatings Technology*, 2001, **135**: 139—149.

63 Swapnil V., Narendra S., Dahotre B. Laser surface-engineered vanadium carbide coating for extended die life[J]. *Journal of Materials Processing Technology*, 2002, **124**(1/2): 105—112.

64 Pirzada E. G. Daniel, Baburaj M. R., Govindaraju F. H. Performance of TiC Laser Engineered Coatings in Molten Aluminum Environment [M]. *Surface engineering: in materials science I*, 2000, 447—453.

65 于同敏,刘贵昌,路全胜. 化学镀 Ni‐P 合金镀层在模具上的应用[J]. 机械工程材料,1998,**22**(5): 41—43.

66 于长山,刘喜明. 3Cr2W8V 钢渗硼后的热疲劳性能研究[J]. 金属热处理学报,1997,**18**(4): 53—55.

67 彭文屹. 表面处理对 H13 钢热疲劳性能影响[D]. 硕士学位论文,上海:上海大学,2002.

68 褚作明,佟晓辉等. H13 钢低温化学热处理渗层疲劳特性研究[J]. 金属热处理,1993,**3**: 33—39.

69 胡正前,张文华. 热作模具钢热疲劳性能与铝液腐蚀性能研究

　　　　[J]. 材料保护,1998,**31**(2):35—36.

70　聂学渊,胡正前. 稀土元素在模具钢硫氮碳共渗中的作用[J]. 中国建材装备,1997,(5):28—30.

71　王建忠. 铝压铸模的侵蚀磨损机理[J]. 国外金属热处理,2000,21(4):51—56.

72　Sundqvis Y. M. Tribological Aspects of Hot Work Tool Steels in Contact with Aluminium[D]. *Doctoral Thesis*, Houston: University of Houston,1994.

73　Fraser D. T., Jahedi M. Z. Economical surface treatment of die casting dies to prevent soldering in high pressure casting [D]. *Materials Australasia*, 2001,**33**(5):13—14.

74　Jahedi M. Z., Fraser D. T. Prevention of soldering in high pressure die casting dies using aluminum & iron oxide surface treatment. *2001 Transactions/Congress Sessions*, Cincinnati, 2001,379—385.

75　卢小鹏. 高速钢刀具的氧氮化工艺[J]. 机械工程材料,1991,(6):55—58.

76　肖金根. 耐酸钢 1Cr18Ni9Ti 的氧氮化[J]. 机械制造,1989,**27**(6):12—13.

第二章

1　李荣强,喻奇. 钢铁件表面黑色转化膜技术[J]. 表面技术,1999,**28**(3):1—4.

2　韩灵翠,孙王保,曲济方. 钢铁常温发黑[J]. 山西大学学报(自然科学版),2000,**23**(2):144—166.

3　张文华,徐文清. 钢铁表面碱性氧化工艺及其维护[J]. 材料保护,1999,32(12):35—36.

4　李俊,林腾蛟,陈兵奎. 钢铁常温氧化-磷化处理工艺研究[J]. 电镀与环保,1996,**16**(6):21—24.

5　柳全丰,朱美香,昌海等. 无后处理钢铁常温氧化发黑新工艺及机理[J]. 湘潭大学自然科学学报,1996,**18**(4):49—52.

6 邓立元,周书天,仇明华等. 钢铁常温氧化着色工艺研究[J]. 电镀与精饰,2001,**23**(3):14—16.

7 何洁,秦万忠. 蒸汽处理的反应机理及最佳条件[J]. 天津化工,2000,(2):14—16.

8 郭庚辰. 烧结铁基零件的蒸汽氧化[J]. 新技术新工艺,1989,(6):12—14.

9 吴天祥,铸铁蒸汽氧化处理工艺初探[J]. 重发科技,1998,(3):26—28.

10 Aries L. , Bakkouri M. E. , Roy J. *et al*. Thermal oxidation study of thin magnetite-based coating from iron-chromium alloys[J]. *Thin Solid Films*, 1991,**197**:143—155

11 夏立芳,高彩桥. 钢的渗氮[M]. 北京:机械工业出版社,1989.

12 Haase B. , Stiles M. , Dong J. , Bauckhage K. Surface oxidation and its effect on gas nitriding[J]. *HTM*, 2000,**55**(5):294—303.

13 代立新,马占坡,王焕琴. 预氧化快速气体渗氮新工艺[J]. 金属热处理,1997,(9):30—31.

14 古邦宇. 预氧化+热循环气体渗氮工艺在阀门上的应用[J]. 阀门,2002,(2):27—28.

15 王振宁. 利用氧氮局部复合处理法提高普通手锯条的寿命[J]. 热加工工艺,2001,(1):52—53.

16 苏大任. 氨加空气的氧氮共渗工艺及其性能[J]. 柴油机,1994,(4):37—39,49.

17 沈甫法,郑经宏. 电工纯铁的氧氮碳共渗及后期氧化处理[J]. 上海金属,1995,(5):46—50.

18 HI TecMetal Group. Nitrotec Surface Engineering. http://www. hitecmetalgroup. com/nitrotec. htm,2001.

19 VFE. The ultimate in vacuum engineering. http://www. vfe.

co. uk /RUBIG_PLASMA/ rubig-plasmaall. html，2004.

20 新井国夫，陆善春. 渗氮氧化热处理新技术[J]. 柴油机设计与制造，1994，(1)：59—64，69.

21 李绍忠，苏昕. 不锈钢催化氧化新工艺[J]. 应用能源技术，1999，(4)：5—7.

22 张小聪. 不锈钢气体氮化预氧化处理[J]. 热加工工艺，1995，(5)：27—28.

23 张建国. 渗氮技术的发展及真空渗氮新技术[J]. 金属热处理，1997，(11)：24—27.

24 Kurosawa K.，Li H.-L.，Ujihira Y.，Nomura K. Characterization of carbonitrided and oxidized layers on low-carbon steel b [J]. *Corrosion*，1999，**55**(3)：238—247.

25 Ebersbach U.，Friedrich S.，Nghia T. Influence of the subsequent oxidation on the Passive behaviour of nitrided and nitrocarburized steels [J]. *Materials Science Forum*，1994，1995，**185 — 188**：713—722.

26 孙一唐. 工厂常用工具热处理[M]. 上海，1975.

第三章

1 翟金坤. 金属高温腐蚀[M]. 北京：北京航空航天大学出版社，1994.

2 李美栓. 金属的高温腐蚀[M]. 北京：冶金工业出版社，2001.

3 Huffman G. P.，Podgurski H. H. Determination of the thickness of hematite and magnetite layers on oxidized iron by electron reemission mossbauer spectroscopy[J]. *Oxidation of Metals*，1981，**15**(3—4)：323—329.

4 Riciputi L. R.，Cole D. R Studies of corrosion in power plant boiler tubes by measurement of oxygen isotopes and trace elements using secondary-ion mass spectrometry[J]. *Corrosion Science*，1997，**39**(12)：2215—2232.

5 Sundqvist Y. M. Tribological Aspects of Hot Work Tool Steels in Contact with Aluminium[D]. *Doctoral Thesis*, Houston : University of Houston, 1994.

6 Hou P. Y., Atkinson A. Methods of measuring adhesion for thermally grown oxide scales[C]. *Proceeding on Materials at High Temperatures*, *Electric Power Research Institute*, USA: Butterworth-Heinemann Ltd, 1994. 119—125.

7 田家万,戴嘉维.硬质涂层力学性能可靠测量的两步压入法[J].功能材料,2002,**33**(4):384—386.

8 张俊秋,李戈扬,虞伟良.力学探针在材料选区力学性能测量上的应用[J].上海金属,2003,**25**(2):6—9.

9 Chen R. Y., Yuen W. Y. D. Oxidation of low-carbon, low-silicon mild steel at 450—900℃ under conditions relevant to hot-strip processing[C]. *Oxidation of Metals*, 2002, **57**(1/2): 53—79.

10 王嘉敏,隋静婵,孙晓明.Cr9Mo 和 Cr5Mo 的等温氧化行为[J].材料开发与应用,1998,**13**(3):31—34.

11 Waanders F. B., Vorster S. W. Moessbauer and SEM characterization of the scale on type 304 stainless steel[J]. *Scripta Materialia*, 2000, **42**(10): 997—1000.

12 Nicholas C., Herrington J., Thelma M. Inetics of oxiadation of ferrous alloys by super-heated stream[J]. *Oxidation of Metals*, 1987, **28**(5—6): 237—258.

13 Marino, Bueno L., Levi O. High temperature oxidation behaviour of 2. 5Cr-1Mo steel in air. Part 1: Gain of mass kinetics and characterization of the oxide scale[C]. *American Society of Mechanical Engineers*, Pressure Vessels and Piping Division (Publication) PVP 391, 1999, 111—121.

14 Nickel H., Wouters Y., Thiele M., Quadakkers W. J. The

effect of water vapor on the oxidation behavior of 9％Cr steels in simulated combustion gases［J］. *Fresenius Anal. Chem.*, 1998, **361**: 540—544.

15　Simms N. J., Little J. A. high-temperature oxidation of Fe-2. 25Cr-1Mo in oxygen[J]. *Oxidation of Metals*, 1987, **27**(5—6): 283—299.

16　Song S. H., Xiao P. An impedance spectroscopy study of oxide films formed during high temperature oxidation of an austenitic stainless steel［J］. *Journal of Material Science*, 2003, **38**: 499—506.

17　杨德钧,沈卓身. 金属腐蚀学(M). 北京:冶金工业出版社,1999.

18　Moffat W. G., Pearsall G. W., Wulff J. The Structure and Properties of Materials(M). *Volume I: Structure*, Wiley, New York, 1964.

19　Martin M. Transport in oxides in an oxygen potential gradient ［J］. *Solid State Phenomena*, 1992, 21—22: 1—56.

20　朱日彰,何业东,齐慧滨. 高温腐蚀及耐高温腐蚀材料(M). 上海:上海科学技术出版社,1995.

21　Boggs W. E., Kachik R. H., Pellissier G. E. The effects of crystallographic orientation and oxygen pressure on the oxidation of iron［J］. *Electrochem. Soc.*, 1967, **114**(1): 32—39.

22　Atkinson A. Wagner theory and short circuit diffusion［J］. *Materials Science and Technology*, 1988, **4**(12): 1046—1051.

23　Shen J. N., Zhou L. J., Li T. F. High temperature oxidation of Fe-Cr alloy in wet oxygen[J]. *Oxidation of Metal*, 1997, **48** (3/4): 347—356.

24　Tomlinson L., Cory N. J. Hydrogen emission during the steam oxidation of ferritic steels: kinetics and mechanism［J］.

Corrosion Science，1989，**29**(8)：939—965.

25　Asteman H.，Svensson J. E.，Johansson L. G. Oxidation of 310 steel in H_2O/O_2 mixtures at 600℃：The effect of water-vapour-enhanced chromium evaporation[J]. *Corrosion Science*，2002，**44**(11)：2635—2649.

26　Asteman H.，Svensson J. E.，Johansson L. G. Evidence for chromium evaporation influencing the oxidation of 304L：the effect of temperature and flow rate[J]. *Oxidation of Metals*，2002，**57**(3/4)：193—216.

第四章

1　刘昌琪. 模具热处理和表面硬化技术[M]. 北京：机械工业出版社，1992.

2　王建忠. 铝压铸模的侵蚀磨损机理[J]. 国外金属热处理，2000，**21**(4)：51—56.

3　夏立芳，高彩桥. 钢的渗氮[M]. 北京：机械工业出版社，1989.

4　山东省机械厅科技情报所. 模具热处理[M]. 山东：山东科技出版社，1983.

5　李美栓. 金属的高温腐蚀[M]. 北京：冶金工业出版社，2001.

6　Aries L.，Bakkouri M. E.，Roy J. *et al*. Thermal oxidation study of thin magnetite-based coating from iron-chromium alloys[J]. *Thin Solid Films*，1991，**197**：143—155.

7　Chen R. Y.，Yuen W. Y. D. Oxidation of Low-Carbon，Low-Silicon Mild Steel at 450—900℃ Under Conditions Relevant to Hot-Strip Processing[J]. *Oxidation of Metals*，2002，**57**(1/2)：53—79.

8　Song S. H.，Xiao P. An impedance spectroscopy study of oxide films formed during high temperature oxidation of an austenitic stainless steel[J]. *Journal of Materials Science*，2003，38：499—506.

9   Sundqvist Y. M. Tribological Aspects of Hot Work Tool Steels in Contact with Aluminium[D]. *Doctoral Thesis*, *Houston*: University of Houston，1994.

10   代立新，马占坡，王焕琴. 预氧化快速气体渗氮新工艺[J]. 金属热处理，1997，(9)：30—31.

11   古邦宇. 预氧化＋热循环气体渗氮工艺在阀门上的应用[J]. 阀门，2002，(2)：27—28.

12   王振宁. 利用氧氮局部复合处理法提高普通手锯条的寿命，热加工工艺. 2001，(1)：52—53.

13   苏大任. 氨加空气的氧氮共渗工艺及其性能. 柴油机，1994，(4)：37—39,49.

14   张士林，杨国英. 自行车中轴冷挤模的氧氮化处理，热加工工艺. 1990：(3)：46—47.

15   肖金根. 耐酸钢 1Cr18Ni9Ti 的氧氮化，机械制造. 1989，**27**(6)：12—13.

16   李绍忠，苏昕. 不锈钢催化氧化新工艺[J]. 应用能源技术，1999，(4)：5—7.

17   张小聪. 不锈钢气体氮化预氧化处理[J]. 热加工工艺，1995，(5)：27—28.

18   陈永毅，邓光华. 离子渗氮中的反应扩散与渗氮速度[J]. 福州大学学报，2001，**29**(2)：58—61.

19   新井国夫，陆善春. 渗氮氧化热处理新技术[J]. 柴油机设计与制造，1994，(1)：59—64,69.

20   HI TecMetal Group, Nitrotec Surface Engineering. http：// www. hitecmetalgroup. com / nitrotec. htm, 2001.

21   Huchel U. , Strämke S. Nitrocarburieren und Oxidieren im Plasma[C]. *Proceedings Nitrieren und Nitrocarburieren*, 24. —26. 4. 1996 Weimar. 148—154.

22   Strämke S. , Huchel U. , Crummenauer J. Pulsed Plasma

Nitriding and Combined Processes. http：//www. eltropuls. de/ deutsch/lit7/pulsand. html，2004.

23 VFE. The ultimate in vacuum engineering. http：//www. vfe. co. uk/ RUBIG_PLASMA/rubig-plasmaall. html，2004.

24 Ebersbach U.，Friedrich S.，Nghia T. Influence of the subsequent oxidation on the passive behaviour of nitrided and nitrocarburized steels［J］. *Materials Science Forum*，1995，**185 — 188**：713—722.

25 Kalner V. D.，Yurasov S. A.，Sedunov V. K. Structure and properties of oxidized carbonitride coatings［J］. *Metal Science and Heat Treatment*，1990，**32**(3—4)：223—228.

26 Zlatanovic M.，Popovic N.，Bogdanov Z.，Zlatanovic S. Pulsed plasma-oxidation of nitrided steel samples［J］. *Surface and Coatings Technology*，2003，**174 — 175**：1220—1224.

27 Alsaran，Akgun；Altun，Hikmet；Karakan，Mehmet. Effect of post-oxidizing on tribological and corrosion behaviour of plasma nitrided AISI 5140 steel［J］. *Surface and Coatings Technology*，2003，**176**(3)：344—348.

28 Doche M. L.，Meynie V.，Mazille H.，Deramaix C. Improvement of the corrosion resistance of low-pressure nitrided and post-oxidized steels by a polymer impregnation final treatment［J］. *Surface and Coatings Technology*，2002，**154**(2—3)：113—123.

29 Zlatanovic M.，Popovic N.，Bogdanov Z. Plasma post oxidation of nitrocarburized hot work steel samples ［J］. *Surface and Coatings Technology*，2004，**177 — 178**：277—283.

第五章

1 宋志坤，刘伟，何庆复. 金属材料热疲劳寿命的定量研究方法［J］.

机械工程材料,1999,**23**(5):4—5,17.

2 赵少汴,王忠保. 抗疲劳设计-方法和数据[M]. 北京:机械工业出版社,1997.

3 Jesperson H. Toughness of tool steels[C]. F. Jeglitsh,R. Ebner. Proc. 5th ICT:*Tool Steel in the Next Century*,Austria:University of Leoben Press,1999,93—102.

4 李熙章,施占华,肖中义. 显微组织对模具钢热疲劳性能的影响[J]. 机械工程材料,1993,**17**(1):40—42.

5 朱心昆,赵应富. 淬火温度对 H13 钢性能的影响[J]. 金属热处理,1994,**19**(8):28—30.

6 刘静安. 预处理工艺对 4Cr5MoSiV1 钢组织和力学性能的影响[J]. 轻合金加工技术,1999,**27**(12):23—26.

7 李平安,高军. 热作模具钢的热稳定性研究[J]. 金属热处理,1997,**22** (12):10—12.

8 迁井信博,阿部隆源. 热间工具钢の高温低ササイク疲劳过程中の材质变化[J]. 铁の钢,1994,**80**(8):84—89.

9 Berns H. Strength and toughness of hot work tool steel[C]. G. Krauss,H. Nordberg,*Proc. International Conference on Tool Materials for molds and dies*,Illinois:The Colorado School of Mines Press,1987,45—65.

10 刘剑虹,冯晓曾,周文学. 热处理对 4Cr5MoSiV1 钢热疲劳裂纹扩展驱动力的影响[J]. 安徽工学院学报,1988,**7**(2):58—62.

11 Nagasawa M. ,Kubota K. Prediction of life to thermal fatigue crack initiation of die casting dies[C]. F. Jeglitsh,R. Ebner. *Proc. 5th ICT: Tool Steel in the Next Century*,Austria:University of Leoben Press,1999,225—233.

12 Jean S. ,Miquel B. An investigation on heat checking of hot work tool steels[C]. F. Jeglitsh,R. Ebner. Proc. 5th ICT:*Tool Steel in the Next Century*,Austria:University of Leoben

Press，1999，185—194.

13 Burman C.，Bergstrom J. 压铸模热裂纹形成的模拟.第五届环太平洋国际模具钢会议论文集，上海，April，14—16，1998，113—118.

14 Starling C. M. D.，Branco J. R. T. Thermal fatigue of hot work tool steel with hard coatings[J]. *Thin Solid Films*，1997，**308 — 309**：436—442.

15 Hihara M.，Yatsushiro K.，Sano M. 热循环对表面处理和改性热作模具钢残余应力的影响.第五届环太平洋国际模具钢会议论文集，上海，April，14—16，1998，46—53.

16 李国彬,李香芝. 4Cr2NiMoV 和 5CrMnMo 钢热疲劳裂纹的萌生[J]. 机械工程材料,1998，**22**(6)：36—38.

17 李国彬,凌超. 4Cr5MoSiV1 钢和 3Cr2W8V 钢热疲劳寿命的研究[J]. 钢铁,1997，**32**(4)：51—54,26.

18 Kulkarni K.，Srivastava A.，Shivpuri R. Thermal cracking behavior of multi-layer LAFAD coatings on nitrided die steels in liquid aluminum processing [J]. *Surface and Coatings Technology*，2002，**149**(2—3)：171—178.

19 Pellizzari M.，Molinari A.，Straffelini G. Damage mechanisms in duplex treated hot work tool steel under thermal cycling[J]. *Surface Engineering*，2002，**18**(4)：289—298.

20 Watanabe Y.；Narita N.，Matsushima Y.，Iwasaki K. Effect of Alloying Elements and Carbo-Nitriding on Resistance to Softening during Tempering and Contact Fatigue Strength of Chromium-Containing Steels [J]. *ASM Proceedings*，*Heat Treating*，2000，1：52—61.

21 Pellizzari M.，Molinari A.，Straffelini G. Thermal fatigue resistance of gas and plasma nitrided 41CrAlMo7 steel[J]. *Materials Science and Engineering A*，2003，**352**（1—

2)：186—194.

22 Freddi A., Veschi D., Bandini M., Giovani G. Design of experiments to investigate residual stresses and fatigue life improvement by a surface treatment[J]. *Fatigue and Fracture of Engineering Materials & Structures*，1997，**20**（8）：1147—1157.

23 Hihara M., Mukoyama Y. Study on die steel for die casting die：Thermal fatigue characteristics on the hot die steel sample treated by vacuum-gas nitriding process[J]. *Journal of the Japan Society of Precision Engineering/Seimitsu Kogaku Kaishi*，1991，**57**(6)：1005—1010.

24 Yoshida S. Salt bath nitrocaburizing without white layer for alumiunm casting dies. *Conf. 1st International Atuomotive Heat Treating*. Mexico：ASM Internatioal Pub，1998，209—212.

25 潘应君,吴新杰,张细菊. H13 模具钢离子渗氮层的组织与性能[J]. 金属热处理,2003,**28**(5)：39—43.

26 王瑞金,喻彩丽.离子渗氮工艺对工模具质量的影响[J].热加工技术,2003,(5)：29—30.

27 郭健,陆建明.真空脉冲渗氮设备研制[J].国外金属热处理,2003,**24**(2)：32—33.

第六章

1 祝汉良,郭景杰,贾均.压铸模与铝铸件焊合区的特征及形成机理[J].特种铸造及有色合金,1999,(5)：23—25.

2 Chen W., Jahedi M. Z. Die erosion and its effect on soldering formation in high pressure diecasting of aluminium alloys[J]. *Materials & Design*，1999，**20**(6)：303—310.

3 何建明.铝合金压铸模的防粘模处理[J].机械工人/热加工,1997,(8)：4—4.

4　江平. 关于提高压铸模具寿命的探讨[J]. 建设科技,1992,(1): 31—34.

5　王建忠. 铝压铸模的侵蚀磨损机理[J]. 国外金属热处理,2000, **21**(4): 51—56.

6　陶冶,文兵. PCVD 模具强化技术应用研究[J]. 航空制造工程, 1996,(7): 20—21.

7　Mitterer C. , Holler F. , Stelb F. U. , Heim D. Application of hard coatings in aluminium die casting soldering erosion and thermal fatigue behaviour [J]. *Surface and Coatings Technology*, 2000, **125**: 233—239.

8　聂学渊. 压铸模腐蚀研究与材料和硬化膜的选择[J]. 机械制造, 1997,(12): 25—27.

9　Shivpuri R. Evaluation of permanent die coatings to improve the wear resistance of diecasting dies[R]. *Final project report*, January 1, 1995 – April 30, 1997.

10　Kattner U. R. , Massalski T. B. in: H. Baker (Ed.), *Binary Alloy Phase Diagrams* [M]. ASM International, Material Park, OH, 1990.

11　Neumann G. in: H. Mehrer (Ed.), *Diffusion in Solid Metals and Alloys*[M]. Numerical Data and Functional Relationships in Science and Technology, vol 26, Springer, 1990.

12　夏原. 钢材浸铝和浸扩铝工艺及表层组织性能的研究[D]. 博士学位论文,哈尔滨:哈尔滨工业大学,1995.

13　Xia Y. , Yao M. , Li T. F. Coating formation process and microstructure during hot dip aluminizing on steel[J]. *The Chinese Journal Nonferrous Metals*, 1997, 7(4): 154—158.

14　祝汉良,郭景杰,贾均. 硅对压铸模与铝合金相互作用的影响[J]. 特种铸造及有色合金,1998,(6): 22—25.

15　Zhu H. L. , Guo J. J. , Jia J. Effect of Si on the interaction between die casting die and aluminium alloy [J]. *Special Foundry and Nonferrous Alloy*, 1986, (6): 22—25.

16 Kobayashi S., Yakou T. Control of intermetallic compound layers at interface between steel and aluminum by diffusion-treatment [J]. *Materials Science and Engineering*, 2002, **A338**: 44—53.

17 Chen Z. W., Fraser D. T., Jahedi M. Z. Strictures of Intermetallic phases formed during immersion of H13 tool steel in an Al-11Si - 3Cu die casting alloy melt[J]. *Materials Science and Engineering*, 1999, **A260**: 188—196.

18 林招松,柯宗欣,彭暄. 氮化铬与氮化铬/氮化钛镀覆耐热钢微结构与铝液中腐蚀行为[J]. 特种铸造及有色合金,2001.

19 Mitterer C., Holler F., stelb F. U., Heim D. Application of hard coatings in aluminium die casting soldering, erosion and thermal fatigue behaviour [J]. Surface and Coatings Technology, 2000, **125**: 233—239.

20 刘树勋,李培杰,曾大本. 液态金属腐蚀的研究进展[J]. 腐蚀科学与防护技术,2001, 5.

21 Rosso M., Borello A., Crivellone G. Corrosion resistance in molten ‟aluminium environment of tool steel for pressure die casting[J]. *Metallurgia Italiana*, 2001, **XCIII**(1): 29—35.

22 Sundqvist Y. M., Tribological Aspects of Hot Work Tool Steels in Contact with Aluminium [D]. Doctoral Thesis, Houston: University of Houston, 1994.

23 Faccoli M., La Vecchia G. M., Roberti R. Effect of different coatings on thermal fatigue behaviour of AISI H11 hot work tool steel[J]. *International Journal of Materials and Product Technology*, 2000, **15**(1—2): 49—62.

24 胡正前,张文华. 热作模具钢热疲劳性能与铝液腐蚀性能研究

[J]. 材料保护. 1998,**31**(2)：35—36.

25 Ebersbach U., Friedrich S., Nghia T. Influence of the subsequent oxidation on the passive behaviour of nitrided and nitrocarburized steels [J]. *Materials Science Forum*, 1995, **185 — 188**：713—722.

26 Zlatanovic M., Popovic N., Bogdanov Z., Zlatanovic S. Pulsed plasma-oxidation of nitrided steel samples[J]. *Surface and Coatings Technology*, 2003, **174 — 175**：1220—1224.

27 Alsaran A., Altun H., Karakan M., Celik A. Effect of post-oxidizing on tribological and corrosion behaviour of plasma nitrided AISI 5140 steel [J]. *Surface and Coatings Technology*, 2003, **176**(3)：344—348.

28 Doche M. L., Meynie V., Mazille H., Deramaix C., Jacquot P. Improvement of the corrosion resistance of low-pressure nitrided and post-oxidized steels by a polymer impregnation final treatment[J]. *Surface and Coatings Technology*, 2002, **154**(2—3)：113—123.

29 Zlatanovic M., Popovic N., Bogdanov Z., Zlatanovic S. Plasma post oxidation of nitrocarburized hot work steel samples [J]. *Surface and Coatings Technology*, 2004, **177 — 178**：277—283.

致　　谢

时光飞逝，毕业论文终于完成了．在过去的四年多时间里，无论是在教学、科研，还是在学习、生活上，得到了许多老师、同学、亲人和朋友们的关心、支持和帮助．在这里，我要向所有教育、关心、帮助过我的人们致以诚挚的谢意．

首先要由衷感谢我的导师许珞萍教授、李麟教授！在学习、工作等诸多方面，有幸能得到两位导师的悉心指导和关怀．两位导师精益求精的严谨治学态度，严于律己、宽以待人的长者风范，朴实无华、平易近人的人格魅力，令我倍感温馨、受益匪浅．导师的殷切关心和期望一直对我是一种鞭策和激励，我唯有发愤图强、积极进取才能回报恩师．

感谢副导师吴晓春教授多年来的关心和帮助，在科研和教学工作中，吴老师是我名副其实的"良师益友"，吴老师扎实的理论知识、丰富的实践经验、饱满的工作热情，使我们的工作大有起色，从中我学到了很多；感谢邵光杰教授长期的关怀和指导，在我论文工作、科研工作的困难时期，邵老师的鼓励和引导令我拨开乌云见明日；感谢宝钢集团五钢公司徐明华教授级高工多年以来对我的巨大帮助、指导和支持，使我有更多的机会参与到材料研究的实践中去，不断增加实践经验、提高专业技能和素养．

感谢 ASSAB 公司的冯英育博士、杨卫国先生，瑞典 Carlstad 大学 Jens Bergström 教授提供了许多模具钢方面的重要参考资料，并对论文工作提出了不少有益的建议；感谢长兴工业电炉厂徐君祥厂长协助制造了蒸汽热处理炉；感谢上海交通大学材料学院的李戈扬教授、陈秋龙教授在性能检测上给予的大力支持．

感谢上海大学金属材料实验室的陈洁老师、徐晓老师、沈国兴老师,电镜室的陈文觉老师、褚于良老师,工程训练中心的张三弟老师在试验、分析及性能检测等方面支持和帮助;感谢上海大学金属材料教研室、上海大学-上海汇众汽车用钢研究所的同仁多年来给予的关心、协作和支持.

感谢师兄(弟)姐(妹)张恒华副教授、史文副教授、韦习成高工、张梅高工、黄水根博士、何燕霖讲师、胡心彬讲师,以及彭文屹高工、唐文军硕士、张双科硕士、王荣硕士等.在友好相处、互帮互助良好氛围中,我们相互学习,共同进步,衷心祝愿每一位前程似锦.

最后,还要特别感谢妻子张茵的关爱和理解;感谢父母、岳父母的关怀和支持,帮助我抚育年幼的孩子,使我能够有精力投身教学和科研工作中.

闵永安

2004 年 11 月于上大